Couverture supérieure manquante

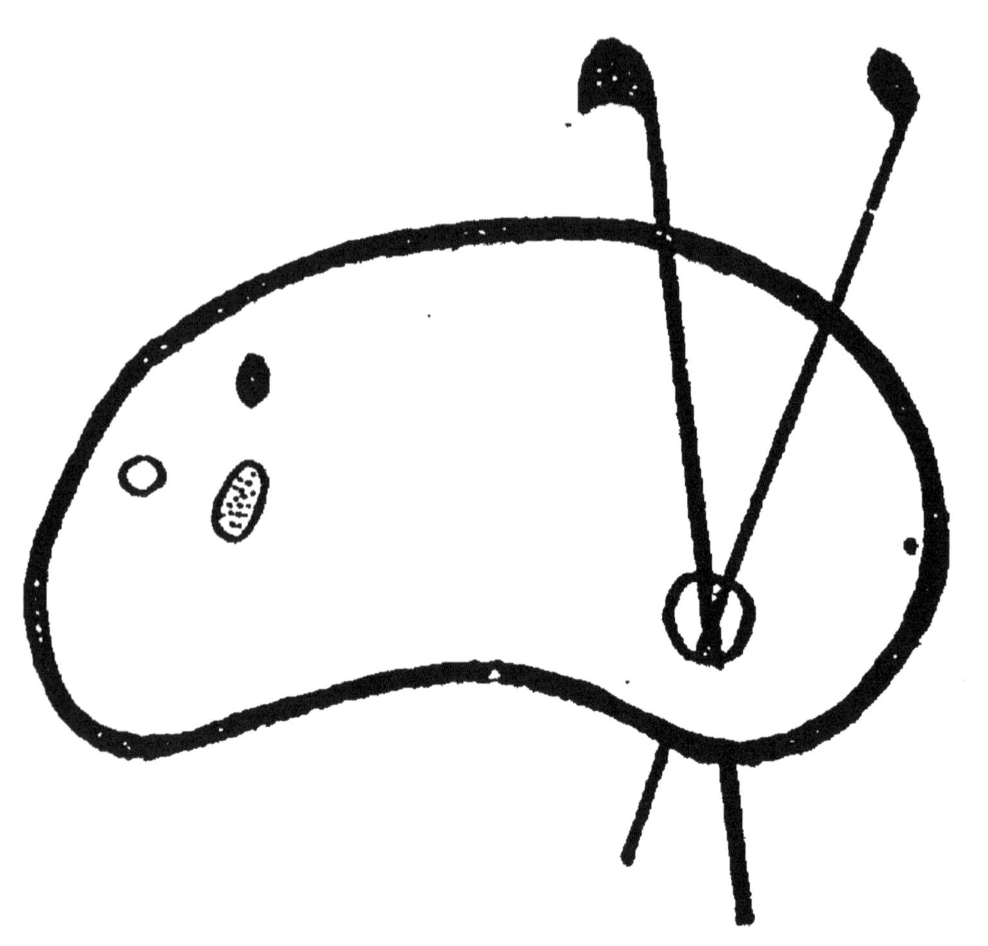

Bibliothèque de l'Association

ÉTUDES

Henri Marsac — *Enquête sur la Littérature*, Mai 190[illegible] .... 1 »
— *Le Romantisme*, 1757-1902 .... 2 50
— *Madeleine Lépine*, étude et biographie .... 1 »
— *Paul Gourmand devant la Critique* 2 50
— *Écrivains d'Hier et d'Aujourd'hui* 1 25
Paul Gourmand — *La France nouvelle* .... 2 »
Fernand Clerget — *Le Travail et l'Argent* .... 1 »
Madeleine Lépine. — *Lettre à l'Académie* 0 50
J.-R. Aubert. — *Enquête sur la décentralisation artistique et littéraire* .... 2 »
Adrien Chevalier. — *Humbles Essais* .... 3 »
Un Témoin impartial. — *Paul Verlaine et ses contemporains*. 1 »
E. Rocher. — *L'Œuvre d'ensemble de Mme Madeleine Lépine*. 1 »
Alphonse Ponroy. — *Les Poètes du Berry* 3 50
Georges Regnal. — *Salle Guénégaud*, album d'art nouveau. 1 »
F.-A. Cazals. — *Paul Verlaine et ses contemporains* ...... 3 »
A. Barrau. — *Edmond Rocher* .... 1 »

POÉSIE

Madeleine Lépine. — *La Bien-Aimée* .... 3 »
— *Le Voile de flamme*, avec portrait... 3 »
— *Poèmes badins* .... 1 »
— *Ceux que j'aime* .... 1 »
— *L'Ombre étoilée* .... 3 »
— *Escarmouches* .... 3 »
— *Le Pardon*, poème .... 1 »
Antonia Bossu. — *Au Fil de l'eau*, 1898 .... 4 »
— *Œuvres posthumes*, préface de H. Marsac. 4 »
Paul Gourmand. — *Le Soulier de Noël*, poème 1 50
— *Le Dernier des Allobroges*, poème.... 2 »
Fernand Clerget. — *Les Tourmentes*, avec un portrait..... 3 »
Besson et Abadie. — *Anthologie des Instituteurs-Poètes*... 3 »

THÉATRE

Madeleine Lépine. — *Azraël*. Préface de F. Clerget .... 2 »
— *Le Jour prédit*, 4 actes, en vers ...... 2 »
— *Rosemonde*, avec un portrait .... 2 »
— *Gilbert*, drame en vers, avec préface.. 2
Paul Gourmand. — *Oswal et Rosemonde*, drame en prose... 2
— *Calvaire de l'abbé Lambert*, av. préface. 2
— *Les Polichinelles*, comédie en un acte.. 1

ROMANS, NOUVELLES

Paul Gourmand. — *Egoïs et Idea*, conte pour les enfants . 1 »
— *Le Secret des Vagues*, roman. 2 50
Maud. — *L'Humanité qui passe*, contes ill. par S[illegible]ait..... 2 »
Auguste Barrau. — *Flacons d'histoires*, nouvelles 3 50
Fernand Clerget. — *Henry Pivert*, roman de mœurs littér. 3 50
Emile Bruni — *Mémoires d'un Mari*, roman 3 50

CHEZ NOUS

Ire SÉRIE

DU MÊME AUTEUR

Chez Veuve Léon Vanier, éditeur

Quai Saint-Michel, Paris

Pour les Naufragés des Sables-d'Olonne, récit dramatique en vers (épuisé)...................... 0 f. 50
Souvenir du Quartier Latin, récit en vers......... 0 50
Pourquoi j'suis resté célibataire, monologue dit par Galipaux 0 50
Au voleur! récit dram. en vers, dit par Mounet-Sully. 0 50
L'Epicier malgré lui, comédie en un acte, en prose. 1 »
Fleurs d'Enfer, poésies, eau forte de G. Boutet, dessins de C. Mignot (épuisé).... .... 3 50
La Vie artiste, nouvelles.............................. 1 »
L'Ile aux Moines, notes de voyage.................. 0 60
En Bretagne, notes de voyage........................ 0 75

Bibliothèque de la Plume

31, rue Bonaparte, Paris

Vierge il l'a laissée, couverture en couleur et croquis de l'auteur, illustrations de V. Richard, Pol Noël et Paul Gagnot .... 3 »

Bibliothèque de l'Association

[illegible] rue Lecourbe, Paris

Edmond Rocher, étude critique.................... 1 »
Flacons d'Histoires, nouvelles, couverture de Grandjouan... 3 50

Chez PATAY........	**Chanson Printanière,** musique de Ackermann (2e édition).
—	**Turlututu chapeau pointu,** musique de Blanluette-Luce.
Chez V. LEBRETON.	**Chanson d'amour,** musique de l'auteur
Chez HACHETTE....	**Dors petit,** berceuse, musique de E. Guyonnet.

Pour paraître prochainement

Eucologe profane.
Contes vendéens, illustrations de Grandjouan et de Milcendeau.
Femelleries, poésies.
Ephémérides Challandaises. Notes pour servir à l'histoire de Challans.

Auguste BARRAU

Chez Nous

Notes de Voyage

PARIS (XVe)

BIBLIOTHÈQUE DE L'ASSOCIATION

91, Rue Lecourbe, 91

1904

A René VALLETTE, directeur
de la « Revue du Bas-Poitou »

AQUARELLES

I

Pouzauges

Les voyages d'automne, si mélancoliquement doux les jours de soleil, s'attristent par ce temps de grisailles récentes. La lourdeur de l'atmosphère orageuse m'emparesse et je me sens envahi par une somnolence contre laquelle je ne cherche pas à réagir. Les paysages se succèdent sans attirer mes regards, mais voici qu'un rais de soleil, entaillant la sombre tenture du ciel, enjaunit la campagne et me rappelle qu'il existe, le long de cette voie, de jolis petits coins perdus qui valent bien l'aumône d'une fugitive attention.

Cette année, je ne suis presque pas sorti de CHEZ NOUS et j'ai commencé ma promenade par Pouzauges.

De la gare à la ville, la route descend, monte et volute à travers bois et champs.

La diversité des campagnes appelle la diversité des figures et, çà et là, j'aperçois des visages qui ne me sont pas familiers. En thèse générale, le paysan peut-être partout le même, mais j'estime que chaque configuration du sol l'empreint d'un caractère absolument spécial, qu'on ne trouve que dans une configuration identique au double point de vue géologique et climatologique.

Pouzaugues, juché sur une élévation dominée par le bois de la Folie et le château, semble se pencher pour regarder dédaigneusement les courbes de la vallée d'où émerge, comme une tête de vieillard, Vieux-Pouzauges, âgé de plus de dix siècles.

Les enfants sont sans pitié, La Fontaine l'a dit, et le jeune Pouzauges, avec ses maisons neuves et ses yeux électriques, étalés comme des breloques sur une poitrine de parvenu, se moque de son vieux père, tombé de faiblesse tout là-bas au fond des verdures.

Le jour s'en va et la nuit descend : une nuit noire, quelque peu étoilée pourtant ! mais pas assez toutefois, pour me permettre de faire, par les rues ou par les sentes, une excursion profitable.

J'ai un ardent besoin d'émotion que satisferaient certainement quelques instants passés dans le bois de la Folie, à cette heure fantômatique où tout se transforme en des créations de rêve, en des genèses enfantées par les cauchemars, où les personnages des légendes entendues aux soirs de veillée, revivent agrandis par les hallucinations qui vous guettent dans le mystère des solitudes.

Je demande le chemin à un passant rencontré près de l'église.

Tout droit, puis, à 500 mètres environ, vous tournerez à gauche, mais, à cette heure, vous risquez fort de vous égarer.

Force m'est d'attendre au lendemain.

Poussière de pluie très pénétrante. L'horizon est boursoufflé d'ecchymoses de mauvais aspect : les nuages se sont livrés bataille. Un coin de bleu pend au-dessus du Vieux-Pouzauges. Dans les haies, les oiselets échangent des questions.

Je croise sur la route détrempée des groupes qui se rendent à la messe et bientôt, par un délicieux sentier filant à travers des noisetiers et des châtaigniers, je traverse le taillis pour atteindre la haute futaie qui casque d'un énorme plumet vert-myrte la colline, au versant de laquelle Pouzauges a accroché ses maisons comme des nids d'hirondelles.

L'humidité chaude qui m'enveloppe n'est pas sans charmes. Une très claire vapeur emboit le paysage, qui s'étend en larges ondulations de verdure. Au milieu du grand silence régnant autour de moi, le moindre bruit démesurément s'amplifie. La brise chante dans les feuilles qu'elle égoutte ; des écureuils se poursuivent, quelques bouvreuils rageusement sifflent, et, brusquement, voici qu'une puissante haleinée de vent se rue sur la colline, fait craquer les branches et parque dans un coin du ciel le troupeau des nuages grivelés.

Une large flambée de soleil.

Loin, très loin, oh ! plus loin encore, s'étend l'horizon. Comme une mer tranquille aux légers remous multichromes, la verdure bat le pied du monticule et s'en va, moutonneuse, durant des lieues et des lieues. Ça et là éclatent le blanc cru des maisons, l'ocre rouge des tuiles, le bleu de Prusse des clochers dénonçant les villages : Montournais, Saint-Pierre, Chavagnes, le Tallud, la Châtaigneraie, etc., etc. A ma gauche, la figure morose du vieux donjon d'où s'essorent, en croassant lugubrement, des nuées de corbeaux. Que ce décor conviendrait bien aux drames lyriques de Wagner et qu'il me serait agréable d'entendre à cette heure la page géniale qui ouvre le *Lohengrin !*

Chargés de plomb s'en reviennent les nuages et la pluie fine retombe. Progressivement l'horizon s'amoindrit, rétrécit son cercle ouaté de buée transparente. Les modelés se nivèlent et je quitte le bois de la Folie — rendez-vous des mariés et de leurs invités au lendemain des noces — par un cheminet à peine visible, qui me conduit à une ferme à droite de laquelle je prends le chemin du donjon.

Sinistres ces ruines... et les atrocités de Gilles de Rais se comprendraient mieux ici qu'à Tiffauges. En cet endroit très boisé, quasi-sauvage, j'éprouve presque de la frayeur. Cet immense donjon carré, des XIIIe et XIVe siècles, flanqué de quatre tourelles et entouré des débris d'un château, suinte le crime et des fourrés humides il me semble que tout à l'heure doive s'élancer le trop célèbre massacreur d'enfants. Pour augmenter encore ma « sensation du milieu », les tanneries voisines soufflent comme des odeurs de charnier.

Ensilencement complet et troublant que rend plus troublant encore l'incessant croa des corbeaux. Et voici qu'autour de moi tout se diabolise ; les ruines grimacent en montrant leurs énormes dents de pierre, le bois de la Folie grimace en secouant sur ma tête en feu ses murmures ironiques.

Par une route solitaire, bordée de maisons mal bâties, je descends à la ville dont les rues sont presque toutes circulaires. Jetées sans ordre, les constructions s'escaladent bizarrement : trois ou quatre étages sur une face, un seul sur la face opposée qui donne souvent sur une rue ascendante et parallèle.

A un kilomètre de la place, entourée de quelques fermes, l'église de Vieux-Pouzauges pavée de pierres tombales et datant du IIIe siècle, passe ses journées dans un abandon dont sont coutumiers nos paysans à l'égard des gens et des choses inutiles.

Toujours droite, malgré son grand âge, sans yeux, sans oreilles et sans voix, la vieille église, qui frissonnait jadis au moindre de ses carillons, n'entend plus rien vibrer en elle. A peine, par les nuits de grande bise, sent-elle craquer son ossature ! Dans son âme où tant de cierges allumèrent leurs soleils, où tant de voix monotones égrenèrent des prières, tout est anéanti.

Et devant un pareil délaissement, je songeais aux nuits claires des Noëls lointains. Je voyais l'Enfant-Dieu dans sa crèche, entre l'âne et le bœuf, grossièrement sculptés, et toute une foule naïve qui l'implorait, comme autrefois les Mages, cependant que les cloches sonnaient allègrement la venue de Celui qui devait sauver le monde.

II

Vouvent

— Hé, Badinguet ?

— Quiqu'gnia ?

— V'là le m'sieu !

Et Badinguet, conducteur de l'omnibus qui fait le service de la gare à Vouvent, ouvrit toute grande la portière de la voiture et me pria de prendre place parmi les cinq personnes déjà installées.

Bien qu'il fasse clair de lune, il m'est impossible de rien voir. Nous montons, descendons, tournons à droite puis à gauche, traversons un bourg presque endormi et la voiture s'arrète.

Tout le monde descend. Badinguet me dit :

— Vous ètes rendu, m'sieu.

— C'est ici l'hôtel !

— Comment l'hôtel ! Vous n'êtes donc pas pour la noce à m'sieu Soullice ?

— Ma foi non.

— Alors, nous allons retourner sur nos pas et je vais vous conduire à la grosse auberge où vous serez très bien. C'est là que je mets mes chevaux !

— Et les voyageurs ne doivent pas être plus difficiles que vos quadrupèdes, ajoutai-je.

La voiture détourne avec quelque difficulté dans cette ruelle étroite. Clic-clac ! Le fouet déchire l'air et tombe brutalement sur les croupes. Un temps de grand trot suivi d'un arrêt brusque. Le grincement d'une enseigne, un bruit de verres entrechoqués, des voix qui s'interpellent m'indiquent que je me trouve en face de l'auberge renommée.

A cette heure tardive, on me prépare un dîner sommaire, puis n'ayant pas la moindre envie de dormir, je vague un peu par les rues noires. Une baraque, où l'on gagne quelquefois des macarons ou de la vaisselle, est installée non loin de l'hôtel. N'étaient les nombreux buveurs qui braillent dans les auberges on ne se douterait pas qu'il y avait fête aujourd'hui à Vouvent.

Un rassemblement se forme. Qu'y a-t-il ? Grave dispute entre jeunes gens. L'un d'eux n'a-t-il pas avancé que les conscrits de 1892 ne valent pas ceux de 1893. Un commencement de lutte s'engage, un gaillard taillé en hercule s'en mêle et tout rentre dans l'ordre. Quelques protestataires se contentent de vociférer fort avant dans la nuit et mon sommeil s'en ressent, hélas !

Par la fenêtre de ma chambre, j'ai vu sur un morceau de paysage vaporeux qu'un soleil un peu pâle déshabille complètement. Il fait bleu. Du jardinet voisin s'envolent des caquetages d'oiselets. Je descends et ma première visite est pour l'église dont la façade est une merveille de sculpture. Sa porte principale, divisée en deux baies secondaires garnies de colonnes torses et à fût uni, est d'un grand caractère architectural. Que dire des archivoltes avec la variété de leurs motifs symboliques ou fantaisistes ! Au sommet de la façade des sculptures du XVe siècle, représentant la Cène et l'Ascension et au-dessus du cintre des deux portes géminées, un Samson tuant le lion et Dalila coupant les cheveux à ce même Samson, ressortent en grand relief. Le reste de l'église a été complètement reconstruit et la crypte du XIIe siècle a fait place a une nouvelle où se trouve un autel dédié au Père Montfort.

Je retourne sur mes pas. A un coin de mur quelques affiches ; l'une d'elles attire mes regards : *Commune du Breuil-Baret* et après le détail des réjouissances données en l'honneur de l'assemblée annuelle, est annoncée un *Grand bal public pour tout le monde.* Là-bas, sur la place, comme un immense canon piqué en terre, se dresse la tour de Mélusine admirablement conservée et au sommet de laquelle on accède par un escalier installé par un industriel de la localité. Vingt-cinq centimes d'entrée, une ascension d'une trentaine de mètres et bientôt j'ai sous les yeux un panorama d'un grandiose achevé. L'impression ressentie, nulle plume ne saurait la décrire. L'œil ne sait sur quel point s'arrêter et toute cette verdure un peu roussie, ces masses de rocs aux tons d'ocre, ces villas qui émergent çà et là à travers les pins vert-bouteille, cette vallée où la Mère traine son eau claire, se fondent en des décors étranges, se transforment en gigantesques ombres s'évanouissant dans les lignes imprécises où l'horizon se confond avec le ciel. Et dans mon âme chante la tant douce voix du Rêve. Le soleil de neuf heures chauffe... et pourtant il me semble que la nuit est venue, que Vouvent n'existe plus à mes pieds, que je suis seul, tout seul dans ce calme infini, que je vais m'endormir là et que tout à l'heure la viole d'amour accompagnera les virelais chantés par un troubadour à la dame de ses pensées. Mais voici que sous une bouffée de chaleur plus intense, tout danse autour de moi. Dans la transparence bleue haleinée par les choses, les grands arbres dodelinent de la tête. Tout là-bas le bois de la Folie me fait des signaux, les clochers de Mouilleron, Cheffois, la Loge Fougereuse, la Châtaigneraie, etc., etc., ôtent leurs bonnets d'ardoises pour me saluer et les ruines me font des risettes! En bas la rue s'emplit de commères : c'est la noce à M. Soullice qui se rend à l'église.

Je descends, déjeûne à la hâte et me rends à la grotte du père Montfort distante de 5 kilomètres, non par la route, mais par un chemin que je recommande aux touristes en les engageant toutefois à se munir de la carte dressée par M. Brochet, pour son intéressant ouvrage : *Là Forêt de Vouvent*, car sans cela, ils risqueraient fort de perdre quelques heures en contremarches toujours désagréables. Voici l'itinéraire que j'ai suivi : Le chemin à côté du bureau de tabac jusqu'au détour à droite qui mène à la rivière en passant sous une porte de ville fort bien conservée. Traverser la rivière, tourner à gauche, puis encore à gauche au bout du village jusqu'à un sapin unique, tourner à droite et l'on arrive à l'entrée de la Forêt. Par les éclaircies on aperçoit la Loge à M. Rousse, la Simonnière à M. de Tinguy, la Folie, demeure d'un garde et dans le fond, la Grignonnière à M. Christin de Fontenay. Laissant à gauche la route qui mène à celle des Verreries, on entre en Forêt. Suivre tout droit, laisser à droite un premier chemin pour prendre le deuxième à gauche jusqu'à l'allée du Douard dont on prend la droite pour arriver à l'allée de la Belle-Cepée qui conduit au Moulin de Pierre-Brune à 500 mètres à peine de la grotte.

Les renseignements insuffisants qui m'avaient été fournis m'ont fait perdre une heure en forêt. Ce temps perdu, je ne le regrette point, car il m'a permis de vivre en le bienfaisant calme des bois enjôleurs. Tout ce monde d'arbres d'essences diverses est silencieux. A peine s'ils chuchottent, de temps à autre, sous les agaceries d'une brise fraîche. En revanche, les oiseaux s'en donnent à plein gosier. Il pleut des vocalises comme il pleut du soleil et, dans cette fête pour les yeux et les oreilles, monte le parfum un peu âcre des verdures qui rendent leurs derniers soupirs odorants par cette fin d'été splendide. En cette béatitude souveraine on oublie facilement les heures, mais voici que la trompe d'un chasseur me tire de mon somnanbulisme et me rappelle que si je continue à errer de la sorte, je risque fort de ne point rencontrer le but de ma promenade.

Et je marche à l'aventure.

Me voici sur une route solitaire qui glisse son

ruban fauve sous les frondaisons rougissantes. Je dois être dans le quartier des Verreries, et cette vallée est assurément celle du Déluge. Toute cette végétation puissante et forte, cet amoncellement de houx, de coudriers, d'églantiers, de troënes, évoquent à mes yeux les paysages bretons qui m'impressionnaient tant il y a deux ans. Dans la vallée, le viaduc du Déluge, d'une hauteur d'environ quinze mètres, tranche bizarrement avec son architecture moderne sur ce passé vieux qui dort là depuis des siècles. La sensation qui en résulte est difficile à rendre, et je me contente de la subir sans chercher à l'analyser.

Au dire d'un brave paysan que je rencontre là, je m'éloigne de plus en plus de la grotte du Père Montfort. Muni cette fois de renseignements bien complets, je retourne sur mes pas et, après pas mal de circuitements sur une route vagabonde, j'arrive au Chemin-des-Carriers, puis à Pierre-Brune, où se trouve une hôtellerie fort bien tenue. M. Prunier, qui en est le propriétaire, s'est mis obligeamment à ma disposition et, à mon retour, m'a servi de cicérone jusqu'à la limite de la forêt.

De Pierre-Brune, deux chemins conduisent à la grotte : l'un par la forêt, l'autre par la vallee, laquelle détourne et s'abaisse devant une maison de bourgeoise opulence. Par la forêt, on chemine dans la fraîcheur s'essorant des verdures. Des coins de bois ensoleillés se montrent, puis s'éloignent comme des feux-follets. Des chants lointains de bûcherons se mêlent aux bruits des cognées mordant les écorces. Et voici la piscine, au-devant de laquelle on construit actuellement une chapelle. Un groupe de maçons truellent sous les ordres d'un prêtre qui va, vient, mesure, regarde, cependant que de nombreux promeneurs montent et descendent de la piscine à la grotte. Ces deux créations du Père Montfort n'ont rien de bien remarquable. Un filet d'eau qu'emprisonne un robinet de métal sort d'une roche surmontée d'une statuette, puis au-dessus, à une vingtaine de mètres, la grotte, garnie d'un autel et de nombreux *ex-voto*, fermée d'une grille, regarde la vallée où paissent quelques taures.

Je cause quelques instants avec la gardienne.

— Ah ! m'sieu, voici tantôt neuf ans que, matin et soir, j' fais la route d'ici à Mervent. J' n' suis point payée pour ça, croyez-le bien.. j'entretiens la grotte, parce que ça m'fait plaisir. J' vends des cierges et des rubans, et des photographies, à vot' service.

Sous cette verdure, en face du paysage que j'ai sous les yeux, je prête peu d'attention à l'histoire de la brave gardienne, qui me raconte qu'elle est veuve et que son pauv' défunt était un très digne homme.

Un petit rond-point garni de bancs et entouré d'arbres surplombe la vallée, toute noire dans le bas et qui va s'éclaircissant jusqu'à une large nappe de lumière. Plus loin, un bouquet de forêt s'est coiffé de rouille. et plus loin encore, la Grignonnière parait enveloppée de fumée bleue. Quelque chose de mystérieux plane en cet endroit et il me semble entendre des lambeaux d'oraisons murmurées par le frelas faible des feuilles.

Et je revis mes années d'enfance avec leurs croyances aujourd'hui disparues. Toutes les cérémonies liturgiques se présentent d'un seul coup à mon esprit avec leurs mises en scène, leurs plains-chants, leurs chants de cloches, dans l'embaumement des encens purificateurs.

III

Mervent

De la gare au village il y a 4 kilomètres.

Et j'allais me mettre en route, lorsque le chef de gare à qui je demandais quelques renseignements me dit :

— Vous n'aurez pas la peine de marcher, Monsieur, car voici le propriétaire de l'hôtel où vous comptez descendre qui vient par ici.

Et, quelques instants après, confortablement installé dans la voiture de M. Normand, je pouvais à mon gré examiner le paysage. Jusqu'au Lac la route suit la voie. Nous prenons à gauche le chemin vicinal de Pouillé. Au rond-point du Petit Maillezais je me croise avec de braves amis qui détournent à l'Allée de la grotte. La forêt s'arrête à la Jolletière et nous entrons dans un délicieux vallon où se confondent la Mère et la Vendée.

Ce petit village enveloppé d'une polychromie un peu pâle, me rappelle certains coins de Bretagne délicieusement mélancoliques. En quelques minutes j'ai parcouru ses rues et ses ruelles, réservant pour le lendemain la connaissance de ses chemins et de ses sites.

Après un appétissant dîner je recommence ma promenade de tout à l'heure. L'église est endormie. Les portes des maisons sont closes. Quelques lumières aux fenêtres et, partout un grand silence, un silence angoissant où passent parfois de longs souffles, d'épeurants murmures échappés de la forêt imposante à cette heure... qui invite au sommeil.

A mon réveil, il fait hélas ! une brume très épaisse. Il a plu légèrement cette nuit et le moutonnement de la forêt que j'ai sous les yeux se perd brusquement dans une opacité désagréable. Petit à petit la sylve se dégage de l'oppression qui l'étreint. Et voici que quelques chants d'oiseaux m'arrivent, et voici que les grands arbres mugissent sous une poussée de brise. La lutte entre la lumière et la brume est vive ; une flambée de soleil vient en aide à celle-là et l'hymne de la victoire est bientôt chanté par la forêt et ses hôtes.

Rousse à quelques mètres de moi, verte un peu plus loin, bleue plus loin encore, la forêt ondule en des sillons de couleurs atténuées qui se fondent à l'horizon en grisailles piquetées de blancheurs et striées légèrement de violet et de rose. L'impression qui se dégage de cette contemplation m'est absolument impossible à décrire. Par instants, il me semble que mon cœur se dilate et va se briser dans ma poitrine. Cette sensation inexplicable et bizarre est néanmoins captivante et c'est avec peine que je m'arrache à ce spectacle pour vaguer un peu par la campagne.

Ma première visite est pour le château dont les ruines sont sans intérêt. Dans ces restes de pierres j'ai vainement cherché Mélusine. Au bas du jardin j'ai joui, en revanche, d'un coup d'œil sans pareil. A cinquante mètres au-dessous de moi, le circuitement de la Mère souligne de son eau, encadrée de peupliers, la colline rocheuse et la mystérieuse forêt d'où s'envolent, comme des fusées, des trilles incessants d'oiselets en joie. Tout en bas dans les prés jaunis sonnaillent les clairins des quelques troupeaux qui paissent une herbe rare. Pourquoi faut-il qu'une minoterie jette sa note industrielle, son tic-tac agaçant de machine en marche, dans ce délicieux concert de la Nature !

Et je reste sans mouvement dans la contemplation qui me prend tout entier. Le silence n'existe pas là, par exemple ! Un grand remous dans les arbres, un charretier qui sacre, le battoir des lavandières ; à droite, dans le lointain, un aboi de chiens. Au bord de la Mère la cognée d'un bûcheron qui sonne sur un peuplier et, de partout, de partout, le caquetage des merles, des bouvreuils et des pinsons.

A droite de Mervent c'est la Vendée qui se prélasse à travers la verdure sous le regard des peupliers dressant leurs têtes ocreuses jusqu'au pied des moulins en pleine activité. Ici encore, le spectacle est attachant. Sous l'haleinée d'une brise qui fraichit de plus en plus, la forêt secoue des symphonies puissantes comme les accords plaqués aux grandes orgues. Par instants, un silence lourd avale toute les sonorités et le mystère des bois endormis règne dans la solitude qui m'entoure. Ces alternatives de bruits et de calmes m'émeuvent étrangement. L'idée du passé occupe toutes mes pensées et ce recul dans les âges disparus possède un charme douloureux méconnu du profane.

Comme la mer la forêt est changeante. Par les journées grises, par les nuits noires elle raconte des histoires effrayantes qui font dresser les cheveux sur la tête des plus braves ; aux matinées printanières égayées d'aubes colorées, elle monologue des strophes grivoises qui, mieux que le Champagne, grisent et mettent le feu aux sens. Durant les semaines estivales, alors que le soleil la caresse des racines au faîte, elle s'empaparesse et, languide, se laisse prendre toutes ses essences capiteuses qui se synthétiseront en un parfum si pénétrant qu'il mâte toute les volontés. Mais où je la préfère, c'est quand l'été agonise et se débat énergiquement contre sa mort prochaine.

Attendrissements des printemps en fleur, fanfares brillantes des étés en joie, tristesses profondes des hivers en deuil, tout cela évolue dans l'automne. Et c'est pourquoi la forêt n'est vraiment belle et désirable qu'en cette saison bénie où, prise de pudeur comme une mariée, elle sent le rouge lui monter au front.

C'est au sortir du Déluge, le long de ce ruisselet des Verreries qui cascade allégrement au milieu de pierres sans nombre, que j'ai, en quelques heures, joui de la forêt sous tous ses aspects et dans tous ses changements d'humeur sans autre ombre humaine que la mienne. Béatement tapi en un coin de verdure, je perdais la conscience de mon individualité : la forêt entrait en moi et j'entrais en elle. Dans cette communion intime je bénéficiais d'une sensibilité étrange, croissant et décroissant avec les rumeurs des arbres, comme si des archets invisibles eussent couru sur mes nerfs. Je me sentais frissonner avec les feuilles et des gouttes de lumière tombaient de mes yeux avec les tamisées de soleil dans les éclaircies et mon cœur battait à l'unisson du grand cœur de la forêt.

Brusquement, un coup de vent s'abat sur les arbres qui se cabrent en hurlant sinistrement. En un va-et-vient de vagues vertes les branches s'agitent et le silence, si complet tout à l'heure, s'emplit de clameurs déchirantes. La forêt, troublée dans sa rêverie, s'encolère et jure comme une païenne qu'elle était à ses premiers âges. Elle est si vieille, si vieille! elle a tenu tête à tant d'orages, ruisselé sous tant de pluies, hurlé avec tant de bêtes sauvages, qu'elle a bien gagné le repos que les éléments avec lesquels elle cohabite lui refusent! O les cyclones dévastateurs! les foudres qui fendent les troncs séculaires! les déluges engendreurs de fongosités! les brises taquines, agaçantes, folles et méchantes ainsi que des fillettes irrespectueuses de la vieillesse!

Sous une légère averse le vent s'éteint et ce sont des chansons très douces, très menues, chevrotantes parfois comme des voix d'aïeules, qui glissent des feuilles et se fondent en le clapotis du ruisselet. Au-dessus des arbres, un ciel gris uniforme d'une mélancolie attristante emboit le paysage et m'enveloppe de vagues peurs.

Et je me prends à regarder autour de moi pour m'assurer si quelque Gilles de Retz ou quelque Chantoiseau ne va point sortir des fourrés avec ses rabatteurs.

Petit à petit l'horizon s'éclaire. Quelques traînées blanches se balancent mollement, puis, se rassemblent en une immense quenouille de ouate qui, bientôt s'amenuise et disparaît sous les doigts agiles de quelque invisible fileuse. Dans le ciel, maintenant bleu, un large soleil flambe et la symphonie mineure des grisailles s'éteint doucement dans le bavardage des oiseaux redevenus joyeux.

Et je reprends ma marche le long de ce délicieux ruisseau des Verreries qui prend sa source près de la Fontaine à l'Evêque et vient se noyer dans la Mère tout près de Follet. Le gué de Pruneau est proche et j'arrive bientôt au Portail où la vue se repose sur de verdoyants côteaux, après s'être attachée aux masses de rochers sur lesquels s'effritent, d'année en année, les ruines du château de Mervent.

Par un chemin fleuri j'arrive au pont des Vallées et j'enfile la route des Ouillères. Je laisse à gauche la route forestière n° 1 qui mène au pont du Déluge et, quelques minutes après, je suis le sentier qui conduit à la Citardière.

Très joli ce cheminet solitaire bordé d'une végétation riche et variée qu'ombragent de grands arbres d'essences multiples! Me voici au château. Je dois avouer qu'en face de ce large corps de logis flanqué de trois pavillons et orné de deux canons de pierre, j'ai été quelque peu déçu.

Je m'attendais à trouver — étant donné qu'il fut la demeure du terrible baron de Chantoiseau — un château féodal, machiné jusqu'à la crête, avec tout le système de défenses de l'époque et je suis tombé sur une construction inachevée du XVIIe siècle, entourée de douves et dans laquelle on pénètre par une porte dorique.

M. Gautrain, le propriétaire actuel, est, m'a-t-on dit, d'une affabilité sans pareille. Il ne m'a pas été donné d'en juger. Lors de mes visites je n'ai trouvé au château ni maître, ni domestiques et j'ai dû borner à une simple inspection extérieure mes investigations de touriste curieux... mais pas heureux.

Il ne me reste plus à connaître de la forêt de Mervent que ses hivernées sous la neige et ses nuits de toutes sortes. Pour me rendre un compte à peu près exact de celles-ci je n'ai qu'à fouiller dans mon passé et à évoquer les sylves tropicales, aussi bien *el monte de Alarcõn* que les immenses forêts vierges de l'Amazone, où j'ai passé tant de nuits rêveuses. Mais ces souvenirs d'outremer, consignés dans des notes qui paraitront peut-être quelque jour, ne seraient point ici à leur place. J'ajouterai pour terminer ce chapitre que, ces jours derniers, j'ai revu la forêt de Mervent où j'ai retrouvé entières mes impressions de jadis.

IV

L'Ile-D'Yeu

De Challans à l'Embarcadère, à quelques cents mètres de la Barre-de-Monts, par Saint-Gervais et Beauvoir-sur-Mer : une route sans caractère avec de ci de là, des bouquets d'arbres, des carrés de vignes ou de prairies poudrés, de temps à autre, par une poussière épaisse s'éparpillant aux souffles rafraichissants d'une bienfaisante brise.

Un sifflement un peu enroué : c'est le vapeur *Le Rover* qui sonne ainsi l'embarquement. Les amarres sont lâchées, le vapeur décrit une courbe et nous voici déjà loin de l'estacade. La mer est jaune, d'un jaune de blonde qu'elle doit à son peu de profondeur. Nous laissons à droite la pointe de la Fosse. Progressivement la côte s'amoindrit et les vagues se teintent d'un vert très clair qu'affaiblit encore le soleil. Par instants, les conversations de mes compagnons de voyage se trouvent coupées d'une plainte de vent; le bateau lève un peu la tête, se roule doucement, oh! si doucement qu'on se croirait bercé entre des bras d'aïeule. Et la côte s'embrume de plus en plus et les vagues, maintenant bleues, se heurtent et s'émiettent en petits morceaux qui brillent comme de la grenaille d'étain. Parmi les impressions multiples qui m'assaillent, le souvenir de mes journées océaniques me nostalgise. Je revis avec une intensité quasi-douloureuse les journées et les nuits passées en la plénitude de la mer, aux disparitions des côtes de France, sous les tropiques, en vue des terres américaines, en des eaux huileuses, sous les fiers orages de là-bas, par les tempêtes où soufflait éperdûment le *Pampero*. Je m'emparesse en les siestes de jadis, aux heures crépusculaires si mélancolieuses grâce au lamento des accordéons et aux navrances des chansons de matelots, et je veille pour voir, avec des yeux agrandis par la contemplation incessante de l'infini, toutes les phosphorescences feux-folletantes au large ou fusantes en innombrables paillettes de nickel dans le sillage du steamer.

Les côtes continentales ne sont plus qu'une épaisse ligne quasi tracée au ras de la mer.

Plus bleues sont les vagues et la terre de l'Ile-d'Yeu s'estompe en un vert très sombre sur l'outremer du ciel.

Et je m'abime en une rêverie qui ne me quitte qu'à mon arrivée au Port-Joinville d'un si réjouissant aspect.

Très coquette et très propre cette île où les maisons si blanches ont des alignements fantaisistes qui m'ont rappelé l'Ile-aux-Moines. La plage du port a peu d'étendue et ne saurait être comparée le moindrement aux vastes plages des Sables-d'Olonne et de Saint-Jean-de-Monts. De petites criques, tapissées d'un léger cailloutis léché à peine par les vagulettes des mers basses, découpent irrégulièrement la côte duvetée de bruyères fleuries ou bordée de rochers tailladés par les lames et les bises.

L'Ile-d'Yeu m'est apparue comme un gigantesque poisson un peu plat dont la gueule ouverte prendrait du vieux Château à la pointe des Corbeaux, alors que la queue s'éventaillerait en les récifs des Chiens-Perrins.

J'admire, sans les envier, ces voyageurs étonnants pour qui l'étude complète des mœurs d'une population ne demande guère qu'une journée. De leurs observations, je sais ce qu'en vaut l'aune. Alors que des analystes subtils, ayant en mains leurs incessantes remarques et les documents du passé, tâtonnent, eux affirment ou nient sans hésitation, et rien n'est curieux comme leurs psycho-étymologies dont s'émerveillent les lecteurs superficiels.

Je ne parlerai donc point des habitants de l'Ile-d'Yeu, pour cette bonne raison que je ne sais rien de leur caractère. Leur extérieur, peu typique, me les a fait trouver pourtant moins primitifs que les insulaires du Golfe de Morbihan Quant aux femmes, elles sont sans physionomie bien spéciale : une teinte de rêverie ou mieux d'étonnement sur certains visages cadrés de noir par les mouchoirs de soie.

J'ai retrouvé ici le délicat poète de *Mystica* Marcel Béliard, et nous avons fait ensemble une charmante excursion à la Pierre branlante, au port de la Meule et au vieux Château. En ce matin auroral, à travers champs de blé mûr et landiers un peu roussis, en plein gazouillis d'oiseaux espiègles, nous avons suivi le chemin vicinal de Port-Joinville à la Meule. Ce chemin, qui file parfois en la nudité lépreuse de terrains onduleux, n'offre d'intérêt qu'à son dévallement vers le village où des bouquets d'arbres versent une ombre salutaire non loin d'une fontaine couverte dont l'eau a des vertus recommandées aux ménages sans progéniture.

Ce petit coin d'ile, avec son échappée sur la

mer par l'ouverture béante de rochers énormes, est le port de la Meule, et je m'explique maintenant l'admiration que lui garde mon ami le peintre Pol Noël, qui en a pris plusieurs vues remarquables. Le spectacle est d'un grandiose achevé. Le soleil est caché depuis quelques minutes. Une très fine opacité de brume tapisse le ciel et assombrit la mer bleue. Quelques voiles rasent l'horizon et en bas, deux canots font la pêche. En montant à la Taillée, où se trouve la Pierre branlante, nous entrons dans la chapelle de la Meule, bien pauvre... même en *ex-voto*.

Cette Pierre branlante est loin de valoir celle de Huelgoat, et n'a absolument rien de druidique. On dirait une immense tortue dont la tête émergerait de la carapace. Presque à la toucher, s'allonge un bloc granitique dont le dessous, gravé en creux par les morsures des vagues, semble le moulage d'un dos d'hercule.

Au milieu de ces roches, on se sent empoigné par une émotion étrange. La brise qui vient du large, larmoie et se dolente ; parfois un cri de goëland stride lugubrement. On croirait que tout à l'heure tout va s'effondrer dans l'abime qui gronde sans répit. Et, pour ma part, je regrette qu'il ne fasse pas tempête, afin d'entendre, dans toute sa majestueuse ampleur, la voix de l'Océan et pour être frappé au visage par les paquets d'embruns aux odeurs âcres et réconfortantes.

Par un autre petit cheminet, nous revenons au port de la Meule, et nous voici bientôt à nouveau dans la désolation de la lande. Il fait une chaleur torride. Là-bas, l'horizon semble enfoncé dans le moutonnement d'une ouate grise. Et à mesure que nous avançons, les rochers se profilent et se livrent à des échanges de grimaces menaçantes.

Nous approchons du champ de Tir, peu éloigné du Trou d'Enfer, d'où, par les grandes marées, les vagues s'éparpillent avec un bruit de canon. Ce trou, creusé par les colères de la mer, est d'un noir qui tranche avec la quasi blancheur des roches voisines. A gauche, au tournant d'un bloc penchant sa tête glabre au-dessus des eaux vert-bouteille, s'étale, en une grotte claire, une pierre plate : siège établi tout exprès par la bonne Nature pour les amoureux et les rêveurs. A deux, on y est très à l'aise, et je conseille ce sanctuaire de granit aux nouveaux mariés en quête d'isolement et de contemplation. La banalité des tendresses coutumières ne pourrait exister là, en face de cette mer azurée, striée de bandes fauves et mouchetée d'écume, sous le grand ciel d'indigo où se succèdent, en de lentes promenades, des théories de nuages blancs. Dans ce calme infini, bercé par les flots chanteurs, l'amour ne saurait connaître de bornes, et les âmes qui s'entendent et vivent des mêmes enthousiasmes, les cœurs qui battent des mêmes pulsations sous les mêmes causes impressives, doivent se fondre languidement comme ces accords, plaqués aux claviers des grandes orgues qui agonisent en d'ineffables murmures.

Et pour le rêveur aux pensées inquiètes souvent, nul effort intellectuel à faire ! En l'uniformité si mélancoliquement attachante de ce paysage les songeries se synthétisent. Remembrances chères, sensations psychiques, interrogations à l'Avenir sphingique, tout cela tombe dans le creuset de cet incomparable alchimiste, la mer, pour s'amalgamer en un rêve sans fin, doux à l'œil, doux à l'oreille et doux au cœur.

L'évocation du passé, qui me hante d'ordinaire en face des sauvageries de la Nature et des décrépitudes de la civilisation, à peine m'a-t-elle effleuré. Un saut brusque m'a reporté aux âges romains, alors que les gladiateurs luttaient dans les cirques aux gradins de pierre garnis de multitude, mais ces jeux barbares ne m'ont point intéressé et je suis revenu bien vite jeter un long regard sur cette vastitude où — depuis combien de milliers de siècles ? — galopent les houles, caressantes ou furieuses souvent, mystérieuses toujours.

Le terrain un peu en pente, morne et triste bien que lavé de lumière, nous conduit aux ruines du Vieux-Château accrochées dans les rocs comme un immense nid de rapaces. A l'aspect de ces fiers débris vermiculés par les airs salins et les poussières d'écume, une frayeur inconsciente me saisit. Il me semble voir là une énorme tête de molosse montrant des crocs usés et rouillés par les rongements et les siècles. Durant les hivers tempêtueux cuivrés de nuages, par les nuits grondeuses, aux blafardements des lunes automnales, sous l'artillerie des tonnerres et la pyrotechnie des éclairs, cette vieille carcasse de château doit être sinistrement belle! Voici tantôt sept cents ans qu'elle est debout, jetant sans cesse un regard de défi à tout ce qui l'entoure. Au temps de sa prime jeunesse, alors que ces tours hautes de 25 mètres pointaient leurs créneaux et leurs poivrières vers le ciel changeant, récela-t-elle quelque gente châtelaine attentive au devis amoureux d'un jeune et joliet page? A-t-elle donné asile à quelque troubadour improvisant de doux lais en l'honneur de sa dame? Vit-elle des cours d'amour et offrit-elle aux seigneurs du continent des tournois où, sur les palefrois caparaçonnés, lance au poing et bardés de fer, se ruaient les jouteurs? Sans doute elle ignora la ritournelle des violes et la seule musique qui retentit jamais à ses oreilles de pierre fut assurément celle de l'olifant. Sur les murs de ses salles gangrenées de salpêtre, les tapisseries ne contèrent point aux enfants les histoires ancestrales et pour les soldats anglais et les reîtres, buvant ferme et trichant aux dés aux heures de sieste, point n'était besoin de ces oratoires aux vitraux desquels les peintres verriers écrivaient de si touchantes légendes. La tradition — car l'histoire ne sait rien du château — ne connaît que celle des *Ventres rouges*, diables malfaisants qui menaient là une vie... d'enfer autrement agréable que celle qu'ils avaient précédemment vécue en le domaine de messire Satan. D'aucuns prétendent que des faux-monnayeurs y travaillèrent. Pour ma part, je croirais sans difficulté à un repaire d'écumeurs de mer commandés peut-être par Gilles de Retz, l'homme de tous les enlèvements, l'artiste en toutes les cruautés.

A l'heure actuelle, les ruines du château sont isolées de la terre ferme et, pour les visiter, il faut faire métier d'acrobate. Il n'en était pas de même, il y a quelques années, où un pont de bois y donnait accès. Pourquoi la municipalité ne rétablirait-elle pas ce trait d'union qui grèverait si peu le budget communal ? L'honorable maire de l'Ile-d'Yeu, M. Maingourd, devrait bien réaliser ce désir que je me permets de formuler au nom des touristes enthousiastes des vieilles choses.

Le bourg de Saint-Sauveur, très anciennement la principale agglomération de l'ile, ne m'a rien offert de bien attachant. J'ai visité son église dont une partie remonte au XIIe siècle, mais je n'ai pu aller — le temps me manquant — jusqu'à la Pointe-des-Corbeaux, distante d'environ 4 kilomètres.

Combien ma promenade au Grand-Phare et au Sémaphore a été plus agréable! M. Burgaud, directeur de l'école de Port-Joinville depuis plus de 20 ans, avait eu l'amabilité de m'offrir une place dans sa voiture et j'eusse pu tirer grand profit de la compagnie d'un cicérone aussi érudit sur les choses de l'ile si j'avais été sténographe.

Un vent de nord-ouest nous prodigue de rafraichissantes caresses. Le petit cheval trotte bon train sur la déclivité de la route et nous voici à Château-Gaillard. A notre gauche le Grand-Phare trace, sur l'outremer de l'horizon, une grosse ligne à la craie. M. Marchaudeau, gardien-chef, nous reçoit très aimablement mais ne peut nous laisser faire l'ascension du phare en réparation actuellement pour l'installation de l'électricité qui nécessite des travaux fort importants que nous visitons et sur lesquels il nous fournit force détails intéressants.

Le phare, d'une élévation de 45 mètres, a été construit en 1829. Son feu de 1re classe est fixe. M. Marchandeau nous conte qu'en 1876 le fauteuil en fer servant au nettoyage de la vitrerie et retenu à la galerie circulaire par une forte chaine, a été transporté par un coup de vent du côté opposé à celui auquel il se trouvait attaché.

Nous repassons à Château-Gaillard, prenons la route du Sémaphore et descendons à la Planche-à-Puare, dolmen situé à deux pas de l'Anse-des-Broches. Des soudiers travaillent dans la fumée âcre des goëmons qui flambent sur des grils au dessous desquels se solidifie la soude.

Dans l'enjaunissement de ce soir si doux, il y a des oppositions de couleurs d'un bizarrant effet. Sur nos têtes, un ciel bleu pâle, marqueté de blancs nuages, en face le Sémaphore, à gauche, une succession de tons roux et verdâtres, à nos pieds le mamelonnement ocreux du sable, à droite le bleu intense de la mer qui s'étend loin, et se borde de noir au ras de l'horizon.

Et sur toute cette polychromie plane un mystérieux silence coupé, de temps à autre, par le grésillement des varechs, la plainte plus accentuée des vagues et le très léger sifflement du vent qui passe.

Du haut du Sémaphore nous n'avons, à cette heure, qu'un panorama uniforme et sans vie. Les bosselures des terrains, avec ça et là des paquets d'ombres, sont sans caractère. Tout là-bas, un pan de ciel grisâtre qu'assombrit les volutements de la fumée d'un vapeur, croule lentement sur les vagues. La brise fraichit. Et je descends avec regret dans la chambre où brille toute la machinerie des signaux avec ses clairs aciers et ses cuivres où des rayons de soleil mettent comme des gouttes d'or.

Machinalement, j'écoute les explications du chef guetteur et n'accorde qu'un léger examen aux tableaux de service appendus à la muraille. L'appareil, sous une faible poussée de main, tourne sans peine sur un cercle de fer poli ; les chaines déplacent et replacent les signaux de tôle, une dépêche est transmise *solennellement* au bureau du Port-Joinville, mais mon esprit est ailleurs... Et nous allons voir la chambre où doit être installée la Sirène, dont la voix de métal, formidable et puissante, chantera aux navires qui s'approcheront des Chiens-Perrins, la lugubre complainte des naufrages.

. . . .

Le Port-Joinville est, ce soir, d'une joyeuse animation. Des rondes ont été organisées ; les sabots claquent en mesure sur les pavés, et la voix claire des jeunes filles déroule, dans la beauté de ce crépuscule, des mélodies simples et naïves à l'éternel thème d'amour.

. . . .

Cette promenade de l'Ile-d'Yeu, je compte bien la refaire. C'est avec un regret infini que j'ai quitté ce petit coin sans pareil où le rêveur peut s'isoler et vivre calmement et sainement ses émotions et ses rêves.

V

Noirmoutier

I

Fromentine. Un paquet de maisons au pied de la dune où commence l'estacade-embarcadère des bateaux de l'Ile-d'Yeu et de la Fosse. Pas gai, ce petit coin de terre que lèche une mer jaune, perfide en certains endroits, et qui, lorsqu'elle se retire, laisse à découvert une plage un peu vaseuse et parfois nauséabonde !

Je suis descendu du *Rover* à 7 heures, de retour de l'Yle-d'Yeu, et je dois attendre jusqu'à midi pour traverser le Goulet et prendre la voiture qui fait le service de Noirmoutier. Après une promenade à la Barre de Monts, distante d'environ deux kilomètres, je reviens à Fromentine, m'installe à l'hôtel, et, en attendant le déjeûner, contemple le va-et-vient des soldats en étape.

Un sifflement aigu s'entend au loin. C'est le tramway de Challans. Vite, j'avale mon café, bourre ma pipe et en route! Cinq minutes de traversée et me voici à la Fosse, où, dans la diligence un peu exiguë, le conducteur Bocco a dix voyageurs à caser.

Véritablement nous sommes un peu trop serrés et si le tassement des colis humains ne se produit pas d'une façon supportable, ce voyage nous sera à tous un martyre! Il fait lourd... et les chevaux trottent faiblement dans la désolation du paysage.

A gauche, une terre presque nue, sans arbres, sans végétation qu'une herbe rare tachant, d'un vert désagréable à l'œil, les dunes pelées de la côte; à droite, des champs vides de leur récolte se succèdent dans l'ondulation rousse des sillons. Nous traversons le bourg de Barbâtre que n'animent ni passants, ni enfants joueurs. Aux portes ouvertes, nulle ménagère curieuse! Et la voiture, après avoir déposé les dépêches à la Poste, reprend la route fauve, traverse la Guérinière, arrive enfin à Noirmoutier où elle laisse deux de nos compagnons, s'enfonce entre les murailles d'arbres du Pelavé et des Sorbets.

Dans la lourdeur de l'atmosphère, passent des bouffées de chaleur intense. Le ciel, d'un bleu cru, s'encotonne par places. Le soleil a mis dehors tous les oisifs, car l'avenue du bois est, d'un bout à l'autre, remplie de promeneurs, d'enfants qui se poursuivent en criant, de cyclistes qui pédalent à toute vitesse, de voitures et d'automobiles.

Nous voici arrivés à l'hôtel de la Plage où je m'empresse de retenir une chambre qu'on me donne à l'annexe du fort Saint-Pierre, car dans l'hôtel même, tout est occupé.

Je commence ma promenade par le sentier des Grottes qui est bien, dans le double enchantement du bois et de la mer, le plus délicieux cheminet que l'on puisse rêver. De l'entassement des rochers de la Chambre des Dames il file au ras de la côte, se dédouble parfois suivant les accidents de terrain, se glisse sous d'énormes rocs, circuite autour des bouquets de chênes-rouvres, s'assombrit sous les épaisseurs des branches ou s'étale en pleine lumière, ayant pour horizon, là-bas, la côte de Pornic et le clocher de Sainte-Marie. En bas, le spectacle est non moins attachant. Au bout de l'estacade les vapeurs de Pornic et de Saint-Nazaire sifflent leur départ ou leur arrivée ; au large, des voiles blanches glissent, comme de lents oiseaux, sur l'eau si bleue qu'on se croirait au bord d'une plage méditerranéenne.

La fraicheur de l'ombre, le caquetage des ailés, l'odeur âcre des chênes où se mêle la senteur balsamique des sapins chauffés par le soleil septembral, incitent aux paresses. Et je m'installe en un creux de roche, et je m'abîme en la contemplation inconsciente de toute cette nature qui m'entoure. Un léger souffle de vent dans les feuilles, une branche qui craque, un clapotis de vagues, un chant de pinson, et voici que tout change, tout se transforme, suivant l'évocation suscitée par chacun de ces bruits qui m'arrivent de temps à autre et me bercent en de délicieuses songeries.

Et je serais resté là, jusqu'à l'arrivée du crépuscule, si je ne m'étais soudain rappelé qu'il existe, dans cette même forêt, d'autres mystérieux asiles à la recherche desquels je me mets sans plus tarder.

Le chemin des Grottes s'arrête à l'anse des Fontenelles où, fièrement se dresse la Tour Plantier. L'anse des Souzeaux succède à la pointe du Tambourin. Cette plage aristocratique est bordée d'un bout à l'autre de coquettes villas. Un peu plus loin Le Cobe, qui devient presqu'île à mer basse, surveille la plage de la Claire. Par l'allée Jacobsen et celle de la Grand'Lande je reviens en plein bois de pins où les tombées de soleil développent une chaleur d'étuve.

Après des allées et venues sans nombre, sur un vaste tapis de bruyères piqué çà et là de villas charmantes, je reviens au sentier des

Grottes, près du Phare dont je fais l'ascension afin d'avoir une idée exacte de la configuration de l'île. Du haut de cette tour assez élevée toute cette partie de côte boisée, mettant autour du phare une épaisse toison verte, reste dans l'ombre zébrée çà et là de la ligne claire des allées qu'égaie la polychromie des toilettes. Au loin Barbâtre est perdu dans la brume, l'Herbaudière se devine dans le flamboi aveuglant du soleil ; par ici la côte bretonne ourle de jaune l'outremer de la mer faiblement agitée. Et je me dérobe à l'attrait de ce panorama pour me rendre dans la partie du fort Saint-Pierre et du Pelavé où je retrouve, au milieu d'une flore différente, un peu le niveau égalitaire des mêmes architectures modernes.

Des villas superbes, toutes pleines du parfum des serres qui y sont accrochées, semblent regarder au-dessus des arbres le va-et-vient des passants que la solitude attire ; d'autres timides, s'enfouissent au plus profond du bois, silencieuses dans le silence du soir ; d'autres encore, joyeuses et folles, ouvrent toutes grandes leurs fenêtres par où s'envolent des éclats de rires, des bruits de voix, des lambeaux de romances accompagnées par les pianos mélancoliques.

Le crépuscule tombe, la forêt s'embrume, la brise qui fraîchit essaime des rumeurs. Quelques chasseurs, fusil en bandoulière, rentrent au logis.

A l'hôtel de la Plage, on sonne le dîner.

II

De ma fenêtre du fort Saint-Pierre enfoncé dans le sable, je n'ai qu'une vue faible sur la mer. Un soleil un peu pâle se montre. Au coin de l'avenue la voiture qui doit me conduire à l'Herbaudière attend sans impatience.

Je retrouve sur cette route la désolation de la veille. A gauche, comme un alignement de pains de sucre à large base, se dressent les mulons de sel ; à droite, la nudité grise des champs que bèchent hardiment des femmes au visage hâlé et dont les jupes sont relevées et attachées à la manière des couches anglaises qui servent aux bébés. De-ci de-là quelques troupeaux paissent une herbe chétive. La voiture file, traverse le village de Lusay, avale les 4 kilomètres 1/2 qui séparent Noirmoutier de l'Herbaudière : ce petit port si renommé dans l'histoire locale.

Sur la jetée d'une longueur de 465 mètres, les vagues furieusement se brisent sous la poussée du vent qui augmente de plus en plus. A gauche j'aperçois l'ile du Pilier où naufragèrent plusieurs navires dont les équipages furent sauvés par la vaillante phalange de marins qui monte le bateau de sauvetage le *Massilia* remisé dans la maison-abri située à l'entrée du brise-lames. Au retour, je visite l'usine Cassegrain qui travaille en ce moment la sardine. Ce délicieux petit poisson est un peu plus gros, mais moins apprécié des gourmets, que celui pêché aux Sables-d'Olonne ou à Saint-Gilles-sur-Vie.

Je remonte en voiture et bientôt j'entre à Noirmoutier avec une pluie fine... mais fort désagréable.

Malgré l'inclémence du temps je parcours la ville et ne recueille que des impressions manquant d'intérêt. Le Port est sans importance. Le Château — quatre tourelles reliées par des murs et dont deux sont coiffées de casques d'ardoises — ne m'a pas donné la moindre envie de faire sa connaissance intérieure. L'église, sous le vocable de Saint-Filbert, m'a laissé froid et dans la crypte du célèbre saint, sous le tombeau duquel ont été ménagées des ouvertures par où doivent passer les croyants qui veulent obtenir quelque grâce, je n'ai point retrouvé les sensations éprouvées dans celle du château de Tiffauges.

Midi sonne. Sonne également le déjeûner à

l'hôtel Lassourd. Je m'installe à table et deux heures après je reprends la route du Bois.

Toujours la pluie tombe, plus abondante et si obliquement qu'elle m'aveugle. J'entre dans le bois du Pelavé espérant l'éviter, mais les feuilles des arbres s'égouttent et j'en souffre autant que sur la route.

Je découvre heureusement une grotte large et spacieuse. Sous sa voûte formée d'une seule pierre, vermiculée par endroits et trouée comme une éponge, assis sur un petit bloc carré où je nargue la pluie qui donne pourtant plus de soyeux aux mousses et plus de verdeur aux feuilles — je reste là, lisant parfois, parfois rêvant, puis évoquant les paysages entrevus dans mes précédents voyages. Ce coin de bois — que traversent précipitamment des promeneurs surpris par l'averse — avec ses yeuses et ses pins courroucés par les taquineries d'une forte brise, me rappelle la forêt de Mervent et le pont du Déluge où, comme aujourd'hui, j'avais été victime des ondées. En face de ma grotte, que longe un petit sentier fauve jonché des aiguilles rouillées tombées des sapins, se dresse, à quelques mètres de moi, une bande de rochers moussus qui, s'ils étaient agrémentés de lierre, feraient croire à quelque muraille en ruines. Çà et là, sur cette ligne de pierres, sont piqués des arbres qui, bien que très jeunes, sont mangés de parasites et de fongosités. Dans le fond l'entrecoisement bizarre et torturé des branches de pins que le vent secoue en gestes fantomatiques, Et, dans la litanie qui s'envole de ces arbres, je crois entendre la grande voix de l'Océan hurlant, là-bas, sur les rochers de l'anse des Dames, cependant que s'égoutte, aiguë et précipitée, l'eau qui trace au bord de la grotte de fines lignes de cristal.

Et la pluie tombe toujours !

Je prends mon courage à deux mains pour me rendre à l'hôtel de la Plage. Dans l'estaminet, la cheminée flambe pour sécher plusieurs voyageurs qui, n'ayant pu embarquer sur le bateau de Pornic, sont revenus attendre le départ du lendemain.

Le vent souffle en tempête. Et devant le feu qui met une grande lueur jaune dans la salle embrumée, des vêtements mouillés fument et de gros rires s'envolent aux facéties d'un monsieur prétentieux et ridicule qui a fourni, tout le soir aux hôtes de l'hôtel de la Plage, des distractions... précieuses et économiques.

De plus en plus le vent augmente et secoue les fenêtres qui geignent comme des torturés ; lugubrement il siffle sous les portes, tape bruyamment aux vitres et hurle au dehors avec les vagues démontées. Sans le secours du garçon d'hôtel que je tenais par le bras, il m'eût été impossible de regagner le fort Saint-Pierre, car la nuit était d'un noir d'encre et la lanterne dont je m'étais muni s'était éteinte.

III

Le ciel est, ce matin, d'un bleu limpide et la mer a repris son bercement câlin et doux. N'était l'humidité des routes, on ne se douterait pas qu'hier une tempête terrifiante —, au dire des gens de mer — s'est abattue sur Noirmoutier.

Je me fais conduire aux Vieils et à la Blanche et cette promenade matinale m'est agréable infiniment.

Cette plage des Vieils, fréquentée par beaucoup de ménages d'employés parisiens, n'a rien de comparable à celles des Dames et des Souzeaux. A l'extrémité d'un village triste et sans vie, elle se recroqueville, étroite, hérissée de rochers sans beauté et n'offre l'abri d'aucun arbre. Qui aime le calme et les milieux imprégnés de tristesse, s'y accoutumera sans aucun doute, mais les bruyants, les assoiffés de gaité n'ont que faire de s'y arrêter.

Je prends un cigare au bureau de tabac et cause un instant, avec la débitante :

— Ah! m'sieu, qu'on est bien ici! Vous devriez vous y installer. Nous avons chaque saison, beaucoup de Parisiens et vous ne vous ennuieriez pas une seule minute.

La voiture retourne sur ses pas, prend la route de la Blanche et bientôt s'arrête à l'entrée d'un sous-bois tentateur, interdit aux voitures.

Cette magnifique propriété, dont les constructions sont établies sur les ruines de l'ancienne abbaye de Notre-Dame-la-Blanche, fondée vers l'an 1200, par les Cisterciens du Pilier, appartient aujourd'hui à M. Jeanneau, conseiller général, et fut longtemps la demeure d'Edouard Richer qui y écrivit là, la plupart de ses ouvrages philosophiques.

Il ne reste que peu de chose des constructions primitives du monastère rebâti aux XIVe et XVIIe siècles. On montre aux visiteurs la Porte dorée dont les sculptures ont été effacées par le temps et la Porte aux Lions assez bien conservée.

Ce diminutif du bois de la Chaise, qui s'endort et s'éveille au bercement des vagues, est mystérieux étrangement. Tout son peuple d'oiseaux, au lieu de chanter à plein gosier, faiblement gazouille comme si quelque grande et silencieuse figure du passé, errant parmi les quelques ruines existant encore, commandait à la nature tout entière le recueillement et la paix.

IV

Le soleil enjaunit l'avenue du bois de la Chaise et filtre une lumière chaude à travers les feuilles. Avant de quitter l'île, je veux revoir le sentier des Grottes. Des promeneurs vont et viennent à pas comptés ; des bandes d'enfants, d'adolescents même, crient et gesticulent et des exubérances de gaîté sonnent de partout la fanfare des heures heureuses.

Je déjeûne en hâte, car à midi je dois partir et pour la traversée du Gois je tiens à primer la marée.

De Noirmoutier à Barbâtre, je retrouve, avec le même ciel, le même paysage qu'à l'arrivée. Voici la route du Gois et bientôt nous arrivons à la Bassotière et descendons progressivement dans la mer, grâce à la déclivité de l'entrée du passage, actuellement en réparation.

A mer basse, le spectacle, sans être ordinaire, n'est pas impressionnant comme à mi-marée, car l'eau qui se retire sur une étendue de 2 kilomètres environ change le passage en une route boueuse et oscellée de flaques miroitantes. Durant toute la traversée, la voiture a donc roulé dans l'eau qui baissait, baissait pour n'être plus à la Crosnière qu'une nappe de cristal de quelques centimètres.

J'ai passé là, dans le Gois, une heure véritament inoubliable, au milieu de la fraîcheur qui montait de l'eau striée par des vaguelettes silencieuses. Insensiblement, par un effet de mirage, je voyais la voiture, entraînée par le courant, quitter la route et m'emporter du côté de Fromentine. Au loin, des plaques de soleil se balançant à la crête écumeuse des vagues, me semblaient des milliers de colombes blanches battant des ailes avant de prendre leur vol.

Chemin faisant, le conducteur de la voiture, Renaud, me conte qu'il a failli rester trois fois dans le Gois et me détaille par le menu toutes les péripéties de ses traversées. Inconsciemment je regarde les balises qui, depuis des années déjà, debout sur leurs cônes de maçonnerie, défiant la mer et ses furies, ont déjà sauvé bien des existences. Et je songe aux malheureux qui, confiants dans leur connaissance du Gois, ont trouvé une mort qu'un peu plus de prudence leur aurait fait éviter.

Des femmes et des enfants, jambes nues, cherchent des coquillages. Nous croisons, lentement traînée par de gros bœufs lents, une charrette où deux cyclistes se sont, tant bien que mal, installés, une voiture de saltimbanques, puis d'autres et d'autres véhicules et nous atterrissons bientôt à la Crosnière.

VI

Bressuire

Sur un fond d'outremer empâté de blanc de céruse se détache, en gris neutre, la haute tour de l'église de Bressuire.

Dans cette petite ville sans originalité, aux rues ordinaires, le promeneur banal s'ennuie, l'observateur constate l'absence de trait d'union entre la cité et la campagne.

Je suis oiseau, voyez mes ailes,
Je suis souris, vivent les rats !

Bressuire fourmille d'anachronismes. Je reconnais volontiers que Notre-Dame n'est pas de première jeunesse, mais je ne puis admettre que, par un temps ensoleillé comme aujourd'hui, elle serve de repaire à des milliers de corbeaux. Ces carnassiers seraient mieux à leur place dans les ruines du château féodal dont je vais parler tout à l'heure.

C'est en revenant du Champ de foire — dont l'étendue indique suffisamment l'importance des marchés de bestiaux — que j'ai fait mon entrée à l'église par la jolie porte latérale datant, paraît-il, du XIIe siècle. Dans ce monument historique, je n'ai remarqué que le large chœur avec collatéraux, reconstruit il y a quatre siècles et les fonts baptismaux en pierre établis récemment dans le style de la Renaissance. La tour, haute de 60 mètres environ, a pris naissance au XVIe siècle ; elle est couronnée par un dôme refait vers 1770. Cette tour, d'une rare élégance, mérite assurément l'examen sérieux que je lui ai accordé avec tout l'intérêt que m'inspire la beauté des formes.

Avant de faire plus ample connaisssance avec la ville, j'ai voulu me replonger un peu dans son passé. Etre moderniste d'impression et d'expression ne saurait empêcher de s'étiqueter moyenâgeux. Chaque période historique a son esthétique, et si je me livre tout frissonnant au vent des névroses qui souffle en cette fin de siècle, je me plais aussi à essayer de revivre les époques disparues avec leur cortège de sensations d'autant plus brutales qu'elles étaient plus réfractaires aux vibrations extérieures.

Les tortionnaires de l'Inquisition accomplissaient leur épouvantable besogne sans broncher, sans qu'aucun muscle de leur face tressaillit, alors qu'aujourd'hui nous perdons connaissance à la vue du sang qui coule et que le bourreau même, tremble en pressant le ressort qui doit faire tomber le couperet sur une tête de criminel.

Nous sommes un bloc de nerfs, un faisceau de fils électriques que le jaillissement de la moindre étincelle détraque. Nous ne vivons plus sainement, mais combien nos courtes années, avec la perversion de leurs angoisseuses jouissances, l'amertume de leurs factices bonheurs et l'acuité de leurs souffrances ne valent-elles pas mieux que les longues existences passées par nos pères dans la satisfaction de leurs désirs, modérés autant que leurs besoins, dans l'épanouissement de leurs idéalités naïves et rudimentaires !

A la fraicheur appétissante, à l'arôme *sui generis* d'une fille des champs, je préfère la pâleur chlorotique empruntée d'une citadine.

Et j'allais me lancer en des abstractions philosophiques lorsque je m'aperçus que j'étais à la porte du château. L'esprit tout plein de l'idée du passé, j'attendais que l'olifan sonnât et que la herse fût baissée pour me livrer passage. Deux gamins qui entraient en se bousculant me rappelèrent à la réalité.

Une longue allée mi dans l'ombre, mi dans la lumière, bordée par places d'arbres, d'arbustes et de plantes ornementales, me conduit à l'habitation moderne de M. Bernard, propriétaire du château et maire de Bressuire. Cette habitation, enclavée dans les restes des deux enceintes dont la première date du XIe siècle et la seconde du XVe siècle, est précédée d'un jardin d'agrément mis gracieusement à la disposition des visiteurs.

A gauche file un énorme pan de mur qui forme, en face la vallée du Dolo, comme un fer à cheval garni de tourelles dont la principale a été comblée. De la terrasse on jouit d'un point de vue très étendu où domine un vert très reposant et sans fatigue pour l'œil. Un peu à droite, dans la muraille, une petite poterne encadrée de lierre conduit au jardin potager bordé par une tour donnant accès sur la vallée.

Et je retourne sur mes pas pour toucher encore, dans ce cimetière des puissantes institutions de jadis. le squelette de la féodalité. Ici, au-dessus des ogives moussues, s'étagent trois cheminées superposées ; là, s'effritent des ornements en pierre dure que les pluies ont térébrée ; plus loin, un reste de tour — est-celle du Trésor ? — surveille les cultures du garde. Sous cette tour passe un souterrain qui s'arrête maintenant à un puits très humide. Au pied de cette ruine, des portes à serrures énormes, ferrées et sérieusement cloutées, attestent que le chêne employé à leur confection était de qualité irréprochable.

En repassant le pont du chemin de fer, je jette un dernier coup d'œil sur ces imposants débris qui me paraissent se livrer à un menuet macabre dans la blondeur douce de cet automnal après-midi.

Après avoir parcouru Bressuire dans tous les sens, monté et descendu la rue Gambetta, son artère principale, je me suis rendu place Saint-Jacques, où l'Harmonie municipale se fait entendre tous les dimanches. Bon ensemble. Les pistons phrasent bien, les clarinettes savent vocaliser et les basses sont parfaitement tenues. Cela m'a rappelé les années — oh ! combien lointaines — où je battais des contre-temps dans la fanfare de ma petite ville natale.

Le manque de bonne musique est pour moi une réelle privation ; il est des instants où j'éprouve un furieux besoin d'harmonie. La musique possède cette supériorité sur les autres arts expressifs de pouvoir rendre certains états d'âme intraduisibles même pour le graphisme des écoles symbolico-instrumentives. Autour du motif mélodique qui, lui, a son exégèse particulière et uniforme pour les dilettanti bien doués, gravitent les interprétations dues à l'arrangement de l'orchestration. L'idée, c'est la mélodie, le développement, c'est l'harmonie (avec ses géniales combinaisons de sons qui s'accouplent où se heurtent en de superbes envolées d'accords.

Et sous la poussière lumineuse enjaunissant la place, dans le lent — oh ! que lent — bercement des *andante*, j'avais lâché la bride à ma Fantaisie.

Et je voyais, comme en rêve, le va-et-vient des promeneurs, les poursuites des enfants laissés en liberté, les toilettes claires ou sombres des jeunes filles rieuses. Durant les pauses, j'entendais le brouhaha des voix s'enfler ou décroître, les feuilles sèches crier sous les pieds des auditeurs, peu nombreux, hélas ! et le vent des rumeurs lointaines s'ébattre à mes côtés, puis repartir, emportant, avec les premières mesures d'une mazurka, des senteurs de Musc et de Peau d'Espagne.

A Jehan de la CHESNAYE
Edmond BOCQUIER
et Ernest GUYONNET.

INSTANTANÉS

I

La Roche-sur-Yon

Ceinturés de très larges mais très solitaires boulevards, des carrés trop réguliers de maisons sans caractère abritent toute une population de porteurs de sabre, de paperassiers et de robins.

Là, le fonctionnarisme croît à l'aise, s'étale, se transforme et s'épanouit en d'infinies variétés de fleurs que le petit contribuable admire, bien qu'il en paye, hélas! le développement.

La place d'Armes, que surveille depuis de longues années le bronze équestre de Napoléon le Grand parodie, les jours de dimanche et fêtes, les promenades parisiennes. Grandes dames, bourgeoises et trottins ; officiers, gens de Préfecture et laquais s'y coudoient aux heures officiales cependant que, sous l'œil paterne des habitués du café Dion, une jeunesse plus ou moins dorée, boutonnière fleurie, évolue et parade par groupes à la recherche d'une œillade ou d'un sourire.

La Roche-sur-Yon est provinciale jusque dans ses artères les plus fréquentées. On y papotte autant et aussi peu charitablement que dans la plus infime bourgade. Ses nombreuses coteries, qui se jalousent les unes les autres, n'admettent pas la moindre indépendance : les esprits fiers y sont conséquemment rares.

Son principal mérite est d'avoir donné le jour à Paul Baudry. Mais, depuis ce génial enfantement, son sens artistique s'est émoussé et la petite ville, si calmement bourgeoise, ne vibre plus qu'aux clowneries des pitres qui, dans son théâtre où s'entassent les moisissures et les poussières, débitent de temps à autre les gauloiseries à succès.

II

Les Sables-d'Olonne

Une immense plage très unie, soulignée d'un bout à l'autre par le Remblai : superbe promenade qui donne, en été, l'illusion d'un grand boulevard parisien.

Malgré les tombées de soleil que ne tamise pas le moindre arbre, une foule pressée s'agite, grouille, bruit et fait danser en reflets atténués les couleurs des toilettes dans l'enjaunissement des après-midis. Aux terrasses des cafés, des consommateurs s'abîment dans la contemplation des cavalcades d'ânes et des coulées humaines où se fondent les groupes qui sortent des tentes et des cabines.

Le crépuscule entraine les baigneurs aux boîtes à musique. Le Casino des Pins a une clientèle toute différente de celle du Casino Chapauteau, où les fervents du jeu s'émotionnent à la taille des banques. Et pendant que l'orchestre s'éjouit ou se lamente, l'or tintinnabule sur les tapis verts à la grande tristesse des décavés.

Le produit par excellence de cette ville d'eau si fréquentée est la Sablaise. Jolie souvent, appétissante presque toujours en son costume pittoresque qui fait ressortir et valoir ses formes et surtout son mollet, pas bégueule et forte en... bouche ainsi que la fille de Mme Angot avec laquelle elle a plus d'une attache, la Sablaise fait les délices des étrangers que n'effarouchent point les dialogues à la Vadé. A la Poissonnerie, elle est dans son véritable élément, cette sirène dont la voix n'est pas toujours une musique. Gare à l'acheteur qui lui marchande par trop sa marchandise ou au bon petit jeune homme qui l'œillade significativement !

Une bande de mer à traverser et voici la Chaume, grand faubourg des Sables où règne l'activité travailleuse des usines, des chantiers et des gros commerces.

Aux jours de fêtes estivales les deux populations se mêlent, prennent bruyamment leur part de plaisir sans pourtant complètement et sincèrement fraterniser. Des rivalités surgissent et il n'est pas rare que des pugilats s'engagent entre Sablais et Chaumois pour un motif futile ou pour les yeux attirants d'une belle fille laquelle, dédaignant le faible, quelquefois son amoureux, réservera ses faveurs à l'heureux vainqueur, car pour elle, la force qui prime le droit prime aussi l'amour.

III

Fontenay-le-Comte

Une longue et large avenue dans laquelle affluent les rues et ruelles du vieux Fontenay met, de la Gare à la place Viette, un semblant de vie parisienne au milieu d'une ambiançe millénaire de science, de philosophie et d'art.

Nulle autre part l'influence du passé n'est restée aussi complète, ni aussi profonde. Les grandes figures disparues ont laissé une atmosphère de calme, de paix et de quiétude que les évènements révolutionnaires seuls modifièrent momentanément.

Et, malgré l'activité imposante de ses manufactures de chapeaux, de ses minoteries et de ses huileries, Fontenay me fait songer à un vieillard jeune d'esprit et de cœur, à un penseur indifférent au bruit qui se fait à ses côtés, à un poète lyrique écoutant la grande voix des siècles chanter dans les rumeurs qui s'en viennent de la forêt de Mervent.

Dans certains quartiers éclate une note inattendue d'intéressant archaïsme. Et l'on s'attarde à la contemplation de l'église Notre-Dame, de la façade de l'église Saint-Jean, de la Fontaine de la Renaissance! Les restes du château évoquent les temps féodaux. Avec émotion on traverse le vieux pont des Sardines et l'on suit lentement, ainsi qu'un amoureux ayant au bras sa fiancée, le bord de la rivière où se penchent et regardent, avec les petits yeux de leurs fenêtres étroites, de curieuses maisons du XVIe siècle.

Une visite à Terre-Neuve — l'hôtel où le maître eau-fortiste O. de Rochebrune produisit tant d'œuvres remarquables — s'impose. Hélas! le regretté artiste n'est plus là pour faire les honneurs de son musée que tant de célébrités visitèrent.

Dans le jardin de la Sous-Préfecture les oiseaux chantent le soleil et la joie de vivre. Des casernes strident de bruyants appels de clairon et l'animation de la rue de la République termine brusquement notre promenade dans le passé.

IV

Challans

Une petite ville d'histoire très lointaine, dont quelques chapitres ne sont connus que par une tradition trop légendaire. La plupart de ses enfants ignorent l'illustration qu'elle doit à Charlotte de Chateaubriand et à Mlle de Lézardière.

Frondeuse dans le passé, même à l'époque où la Terreur fusillait les Chouans dans ses faubourgs ou les menait aux noyades de Noirmoutier, elle a conservé son esprit indiscipliné, qui lui fait secouer le joug de n'importe quelle tyrannie. Enthousiaste à l'excès, elle a parfois des emballements inexplicables qui ont juste la durée d'un feu de paille. Coquette et voluptueuse, elle aime les choses voyantes et s'attarde complaisamment aux contemplations des baisers pleins de saveur du *maraîchinage*. L'activité ne lui déplait pas, et, par les jours de marché, sous les fils de son réseau d'éclairage électrique, ses rues, d'ordinaire paisibles, roulent dans le tumulte des charretiers et des camelots des flots de paysans du Bocage et du Marais.

Sa campagne n'a rien de séduisant pour les amateurs de pittoresque. Et pourtant, je sais, au long des délicieux cheminets du *Landät*, des *Coûts*, du *Pré*, de la *Poctière*, des *Raillères*, des *Soupirs*, etc., des coins d'ombre dédaignés où la fleur de Rêve peut s'entr'ouvrir à l'aise, et, dans le bercement des musiques champêtres, mèler son parfum aux senteurs de miel des genêts et des ajoncs chauffés par le soleil.

V

Saint-Jean-de-Monts

Des maisons d'un blanc cru, dont l'intérieur est d'une propreté remarquable, emprisonnent une rue unique qui s'arrête à la place du Marché, contourne la Mairie et file à travers la dune boisée jusqu'au bord de la mer.

Sa plage de sable extraordinairement fin est, à marée basse, d'une étendue immense et d'une sécurité fort appréciée des familles qui la fréquentent. Idéal des baigneurs hygiénistes, elle ne saurait convenir aux contemplateurs qui recherchent la grimace des rochers et la furie des vagues emportées.

Durant les hivers Saint-Jean-de-Monts est triste à faire pleurer. Mais quand bouffent les premières chaleurs, l'invasion des surmenés ou des oisifs de nos grandes villes lui apporte une animation spéciale qu'on ne rencontre pas d'ordinaire dans les stations de si minime importance.

Puis la petite colonie artiste qui, depuis quelques années y a planté ses tentes, la parfume d'un exquis parisianisme. Dans la *bourine* confortablement aménagée qui lui sert d'atelier, le maître illustrateur Lepère y grave une partie de l'année. L'ami Grandjouan, pour se délasser de ses travaux du *Rire* et de la *Vie illustrée* y vient prendre des scènes de maraichinage que les amateurs s'arrachent ; le jeune et excellent peintre Charles Milcendeau y fait de temps à autre, de courtes apparitions ainsi que le statuaire Emile Gaucher dont l'*Auroch terrassé par Ursus* et *Le Bardage d'un bloc de granit* ont été fort remarqués aux Salons de 1902 et 1903. L'éminent professeur Jules Petit-Jean, dans le K. Bourino de mon camarade Dodin, y travaille à de nouvelles grammaires grecque et latine et M. Léon Frapié, et d'autres encore s'y documentent pour les œuvres futures.

La tombée du crépuscule élargit le calme. Petit à petit la plage se vide car Saint-Jean-de-Monts se couche tôt. Et bientôt, dans le silence de la nuit, ne s'entend plus que le lamento berceur de la vague éclairée, de 10 secondes en 10 secondes, par le geste large et bénisseur du phare électrique de l'Ile-d'Yeu.

VI

Saint-Gilles — Croix-de-Vie

La rivière la *Vie*, qu'enjambe un large pont autrefois suspendu, sépare ces deux petits ports où se pêche, moins abondamment depuis quelques années hélas ! la délicieuse sardine vendue à Paris sous le nom de « sardine de Nantes. »

Alors que Croix-de-Vie, où se trouve la gare desservant les deux localités, est traversée dans toute sa longueur par une rue parfois très curieusement animée, Saint-Gilles-sur-Vie ramasse ses maisons en un agglomérat qui s'incurve, s'étire et s'allonge au bord d'un quai égayé, l'été, par la foule des promeneurs qui visitent sa plage distante d'environ un kilomètre.

Plage caillouteuse, perfide à certaines marées et fréquentée malgré cela par une petite colonie d'étrangers fidèles qui retrouvent là, chaque année, les camaraderies éphémères nouées avec les aborigènes.

Bien différente est la station de Croix-de-Vie à droite de laquelle commence la ligne de rochers qui s'étend jusqu'à Sion.

Une rangée de chalets souligne agréablement la route qui surplombe de petites anses où s'ébattent bruyamment, sous la surveillance familiale, des bandes d'enfants que le soleil, l'air salin et la mer mettent en joie.

Si à Saint-Jean-de-Monts se tiennent les professionnels du bain à Saint-Gilles-Croix-de-Vie on n'en voit que les dilettanti.

Prenez la route... ou mieux grimpez sur les roches et suivez-en tous les contours vous aurez, à votre gauche, la mer dont la gamme de teintes n'a nulle autre part une si grande richesse et, à votre droite, la campagne de Saint-Hilaire-de-Riez piquée çà et là de maisons aux toits rouges et de bouquets d'arbres dont le développement est contrarié par le vent du large. En face de vous s'estompera la dune boisée de Saint-Jean-de Monts.

Tailladés par les embruns les rochers ont maintenant changé de formes et d'attitudes. Ils prennent des poses de lutteurs, paraissent des bêtes apocalyptiques à l'affût de quelque proie inespérée ou se donnent des airs placides de vieux châteaux en ruines. Les jours de grande marée la Pierre-Percée éparpille, à une grande hauteur et sur une assez large étendue, la poussière d'écume que les vagues en courroux lui crachent à la base. A chaque pas vous découvrez des puits où l'eau semble bouillonner, des chemins bizarres, tortueux que les goëlands seuls ont parcourus, des fentes brusques dues aux coups d'épée de quelque Roland ignoré de la légende, des cachettes dont l'accès est interdit même aux plus hardis grimpeurs, des escaliers aux marches inégales et pointues, des vases énormes que la nature a remplis de plantes marines aux couleurs foncées.

Lés premiers chalets de Sion se détachent sur un fond de verdure. En bas, dans les roches découvertes, des pêcheuses cherchent la crevette. La route est maintenant sillonnée de piétons et de véhicules. Les plages sont parsemées de tentes multicolores et du Casino Guiltat s'envolent des bouffées de musique et des odeurs de cuisine.

La ligne de rochers s'arrête là et, plus loin c'est la côte unie qui, progressivement s'approfondit, s'évase et s'épanouit enfin à Saint-Jean-de-Monts.

VII

Saint-Etienne-du-Bois

D'antiques maisons grises, aux ouvertures bordées d'un granit sur lequel la lime du temps n'a que légèrement mordu, dévallent des rues en pente, s'accroupissent en des coins solitaires, s'isolent au milieu de vergers bien tenus ou s'agrémentent de terrasses fleuries, de grilles reprisées de glycines et de plantes grimpantes.

La rivière La petite Boulogne les souligne du trait clair de son eau qui, au bas de certains jardins, s'attarde — en des creux qu'elle agrandit — tourbillonne et s'encolère parfois mais sans fâcheuses conséquences.

Tout le peuple des nombreux villages, dont les plus riches en feux sont la Mercerie, les Embardières et Roche Quairy, vit dans le rude travail des champs ou fabrique des sabots dont la *creuse* est renommée et, le dimanche venu, monte à la paroisse pour assister aux offices et se distraire aux auberges, notamment au Chêne-Vert où l'un des patrons, Jauneau, tient tête aux plus malins joueurs de *brisque* et marque son tour de *brasse* en posant, fièrement à sa droite, son couteau sur la table.

Avant la Révolution Saint-Etienne-du-Bois — châtellenie sous la dépendance de Palluau — possédait deux fiefs assez importants : la Martinière et la Vieille-Roche ressortissant tous deux de Breuil Herbault. Durant la grande guerre, après avoir pris part en mai 1790 à la Fédération de Challans, il devint un centre de chouannerie très fréquenté et, à deux reprises, quelques mois après, ses paysans se révoltèrent et prirent les armes.

Dans la nuit du 11 au 12 mars le tocsin est sonné, les insurgés deviennent maîtres du bourg et se forment en bandes intitulées « armées de Saint-Etienne-du-Bois » par les Savin du Calvaire qu'il ne faut pas confondre avec les patriotes du même nom : Michel, Charles-François, Marc-Antoine et Jean René. Un de leurs descendants, M. Léon Savin — d'une originalité singulière et d'une sociabilité désagréable parfois — mort il y a quelques années, a publié un grand nombre de pièces satiriques en vers qui n'offrent d'intérêt qu'aux lecteurs possédant la clef des personnages mis en scène. Elles figurent toutes au Catalogue de la Bibliothèque de La Roche-sur-Yon.

Il y a peu de temps aussi est mort M. l'abbé Boutin qui fut pendant quelques années vicaire de Saint-Etienne-du-Bois et dont les ouvrages d'histoire et d'archéologie vendéennes sont fort appréciés.

La vieille église, âgée de plusieurs siècles et si curieuse avec son clocher en pointe, vient de faire place à un monument d'architecture moderne dont une partie s'est brusquement écroulée.

Saint-Etienne-du-Bois garde un parfum d'archaïsme fort agréable aux amants du passé et sa campagne, silencieuse et recueillie où des bouquets de bois étalent de luxuriantes frondaisons, offre aux naturistes l'incomparable magie de ses teintes et de ses musiques.

VIII

Mortagne-sur-Sèvre

La mélodie du passé déroule ses mesures surannées dans tous les coins de cette petite ville où les siècles disparus ont laissé de nombreuses empreintes.

Des vieilles rues, une vieille chapelle, un très vieux portail avec ses sculptures indéchiffrables, un non moins vieux château dont les pans restés debout attestent l'ancienne importance.

Malheureusement la pioche du démolisseur est passée par là et il ne reste, en bon état de conservation, que deux étages de la grosse Tour dont certains recoins servent hélas ! à des usages auxquels ils n'étaient point destinés.

Du sommet la vue embrasse un panorama attachant. A droite, le bourg d'Evrunes s'estompe dans la verdure ; à gauche, Mortagne étage la diversité de ses toits ; en bas, la Sèvre souligne de noir la route fauve et, en face, une luxuriante végétation galope sur la croupe des coteaux.

Et dans ce calme on n'entend que les cris des enfants qui lancent un cerf-volant et le rythme cadencé du battoir des lavandières.

Cette grosse tour est monstrueuse et lorsqu'on passe à ses pieds, protégés par un contrefort formant un angle de pierre absolument indestructible, on est saisi, non de frayeur, mais de respect.

En suivant le chemin longeant un mur d'enceinte on a sous les yeux la masse imposante de la muraille du Château défendue par des fortifications hémisphériques.

En descendant la rue du Château on trouve, à gauche, une place plantée d'arbres d'où part un sentier garni de marches qui mène à l'entrée des ruines et à la rivière.

Par la rue Saint-Jacques on atteint la rue Nationale au bas de laquelle se dresse le Calvaire aspectant sur la rivière.

Le spectacle, bien que différent, n'en est pas moins agréable. Les ruines se montrent sous un jour qui les change complètement. Par places l'ombre tombe sur les coteaux. Le peuple des oiseaux s'égosille, la brise clangore, puis tout se tait. Dans ce calme complet l'âme se laisse aller à toutes les sensations qui l'accaparent et la bercent en de réconfortantes apaisances.

Par la route de Nantes l'œil suit la montée

des coteaux dont les champs sont divisés par des murs élevés avec des pierres provenant certainement des anciens remparts. A gauche, ces remparts existent encore, mangés d'un lierre vivace. La rue de la Sicoterie mérite qu'on s'y attarde. C'est une ruelle bordée de maisons fort anciennes et qui file entre deux murailles de soutènement d'où l'on jouit d'une superbe vue des ruines. Par ci, par là du haut des maisons il y a d'assez pittoresques dévallements de marches. Et partout des sentiers vont et viennent, enlacent les arbres déjà rouillés, s'enfoncent dans de jolis coins sombres, descendent et se baignent dans les luzernes où montent le long de coteaux rocheux couronnés de champs en friche où se multiplient, comme des échos de luisances, les ors variés des soleils couchés.

Je n'ai aperçu aucune figure sémite rue de la Juiverie. Dans la tranquille rue des Tanneries, pas d'établissements où l'on travaille les peaux. Rue des Etangs, les métiers des tisseurs font tout le jour un bruit assourdissant de castagnettes qu'accompagne là-bas le ronflement des tissages mécaniques et, tout près, le glissement des courroies actionnant les cylindres d'une minoterie.

IX

Saint-Laurent-sur-Sèvre

Me voici juché tout en haut de la diligence qui fait le service de Mortagne à Saint-Laurent. Il est 6 h. 1/2. La brise fraichit et la lune vient de se lever toute ronde et semble une proie attendue par la gigantesque chauve-souris que représente l'unique nuage ouatant en ce moment le ciel.

Route agréable et sans l'uniformité désespérante des pays plats. Les côtes se succèdent et le clair de lune modèle, à droite, toute cette campagne boisée que la Sèvre amoureusement caresse.

Une large ligne noire se détache perpendiculairement sur un fond de cobalt : c'est l'église de Saint-Laurent.

La diligence tourne, traverse une partie du bourg et s'arrête à l'auberge où à grand'peine j'obtiens un gîte car toutes les chambres sont occupées par des pèlerins.

Tôt levé, je suis allé courir la campagne et j'en suis revenu quelque peu désenchanté. Le hasard ne m'a pas favorisé. Cette partie de faubourg où se trouve le cimetière est quelconque. Rien de saillant qu'une chapelle dédiée à Saint-Joseph et agrémentée, naturellement, d'un tronc pour les offrandes des... bienfaisants.

Et je pérégrine à travers les rues et rentre à la chapelle des Sœurs de la Sagesse où les vitraux flambent et prismatisent les ogives.

En l'honneur du pèlerinage les maisons sont ornées et pavoisées. Une foule déjà nombreuse où dominent les visages glabres, circule bruyamment. L'entrée du Pensionnat des Frères de Saint Gabriel est encombrée de voitures.

Je m'empresse de sortir de cette cohue et, derrière l'église inachevée, — œuvre de M. Fraboulet architecte nantais – je traverse la rivière sur un pont de bois qui me conduit à l'entrée d'un petit bouquet d'arbres d'où je suis bientôt chassé, hélas! par les cris et les rires d'un groupe de promeneurs.

Un brave Père de je ne sais quel ordre, me voyant lire les inscriptions variées accrochées au dessus d'un nombre respectable de troncs, veut absolument me mener à la crypte. J'ai toutes les peines du monde à me débarrasser de ce cicerone importun.

La rue des Dames de la Sagesse est décorée d'énormes rosaires soutenus à chaque dizaine par des pieux légers surmontés d'oriflammes et fichés en terre. Débouchant de la rue des Frères Saint-Gabriel, une commune entière chante le cantique du Père Montfort.

Les cloches sonnent à toute volée l'appel pour la messe. Beaucoup de fidèles tête nue, se pressent aux portes de l'église car il est impossible de trouver à l'intérieur la plus petite place. Quelques prêtres et leurs servants se rendent en chantant au-devant de l'évêque.

A deux heures doivent venir les pèlerins de Pontchâteau et la procession générale commencera aussitôt leur arrivée.

X

Tiffauges

Par les jours de grisaille combien profonde et angoissante l'impression qui découle d'une visite aux pays légendaires !

J'ai vu Tiffauges sous une pluie fine qui l'enveloppait de brume laiteuse et je l'ai vu aussi aux jours de grand soleil paresseusement couché dans son nid de verdure, sous les regards froids et mornes du vieux château de Gilles de Rais.

Ainsi regardées dans le rougeoiement des midis, les ruines me paraissent de vieilles femmes édentées dont le sourire est malgré tout très jeune.

J'ai d'abord déambulé par la ville où les féaux de l'Industrie peuvent, aux papeteries Girard et aux ateliers Pellerin, trouver des sujets de contemplation. Les transformations successives, subies par le chiffon et le bois, qui s'opéraient sous mes yeux à l'aide de puissantes machines m'ont, durant quelques heures, donné de profitables leçons de choses. Et je suis sorti de cette usine avec dans les yeux toute la gamme polychrome des papiers destinés aux tentures.

A la fabrique de grosse horlogerie pour églises et châteaux que dirige M. Pellerin dont je n'oublierai jamais le si sympathique accueil, j'ai suivi avec infiniment d'intérêt le travail des machines-outils, surtout de la machine à denture qui se compose d'une plate-forme circulaire marquée de points en creux, sur laquelle deux règles de fer et un compas glissent et donnent, au moyen de calculs spéciaux, les mesures exactes des dents qu'une petite scie circulaire découpe dans les pignons et les roues, cependant que les tours parallèles tournent, évident, polissent et filètent les pièces qui doivent leur être adaptées.

Pas un morceau qui ne soit œuvré dans les ateliers Pellerin complétés même par une fonderie à laquelle ont souvent recours les usines de la région.

J'avoue en toute sincérité n'avoir pas été d'une bravoure exemplaire en circulant parmi les ruines qu'une énorme lune faisait grimacer fantastiquement.

Dans ce décor de théâtre, évoquant les magistrale scènes de *Là-bas*, je crus voir s'avancer le satanique Gilles de Rais et les nécromants à la science desquels il avait eu recours. De grands cercles magiques me semblèrent tracés autour de moi par une invisible baguette et j'entendis des cris d'enfants et des sanglots de mères éclater brusquement dans les fourrés voisins.

La Crume, au lieu de son eau rare qui pourtant les hivers va cascader à la *Bonde*, charriait des vapeurs fantômales et l'hallucination s'amplifiant, me pervertissant de plus en plus l'ouïe et la vue, je m'empressai de regagner mon gîte..

Au grand jour, mais sans la même émotion, j'ai refait ma promenade de la veille en compagnie de trois charmants guides qui m'ont initié aux mystères des ruines et aux beautés des sites que traverse, en bas la Sèvre nonchalante

Tiffauges, imposante et majestueuse seigneurie qui fut témoin d'épouvantables drames mais aussi de fastueuses fêtes, n'est en rien comparable à Pouzauges — un repaire — aussi n'ai-je point éprouvé dans ses ruines la sensation terrifiante qui m'avait torturé dans les autres.

Après avoir parcouru le jardin de Bel-Air, je suis descendu au bord du Vivier, à la prison de la Porte du Donjon ou Tour carrée, dont la cour autrefois était accessible par une porte à coulisse.

Enlacée d'un lierre vigoureux bien que très sec en certains points, la vieille chapelle ne montre plus qu'une partie de son chœur sous lequel, il y a 13 ans, a été découverte, fraiche comme aux jours de sa splendeur, la crypte aux 8 piliers dans laquelle se célébraient des offices selon le rite diabolique.

Dans cette crypte où furent psalmodiées tant d'invocations à Astaroth, des voix jeunes, pures et bien timbrées m'ont chanté, à la louange de cette autre divinité. «l'Amour, » des romances très douces que mélancolisaient les remembrances du passé assoupies dans ce milieu étroit où les notes retenues dans leur envol, rumoraient et bourdonnaient en un chant de basse lugubre comme un psaume des morts.

Dans la tour du Vidame — tout récemment coiffée d'ardoises hélas ! par un chatelain ennemi des têtes chauves — de superbes escaliers m'ont conduit à de spacieuses salles bien conservées. Sous cette tour rampe un souterrain où se trouve une oubliette dans laquelle une dame de Cholet, Mme de la Treille, se brisa les deux janbes. Une autre oubliette se trouve également sous la Tour ronde dont la salle d'armes et sa cheminée sont remarquables.

Suivant la légende le château de Tiffauges a

été élevé en trois jours par une fée qui se rendait passer les nuits à la ferme de la Moulinette. Les fermiers ennuyés de ses visites, firent chauffer le trépied sur lequel la fée avait l'habitude de s'asseoir : elle se brûla si profondément qu'elle ne retourna plus à la ferme et le château resta inachevé,

Dans la délicieuse allée Saint-Joseph, j'ai suivi la rivière où des paysages enchanteurs à chaque pas guettent le passant et semblent lui adresser de provocantes œillades.

L'eau troublée et salie par les déjections des usines, bientôt se clarifie, se filtre au crible des herbes et reprend son bel aspect de cristal. On halte au Paradis, au Purgatoire et dans le pré de l'Enfer où se trouve une pierre près de laquelle Gilles de Rais, après avoir accompli quelques-uns de ses abominables crimes, rentrait au château par un souterrain dont l'entrée est maintenant comblée.

Et l'on rejoint la route de la ville, que bordent de chaque côté des jardins fleuris et embaumés, avec encore sur les épaules le poids écrasant de tout ce Moyen-Age dont on vient de revivre un peu l'histoire.

XI

Niort

Un calme béat accueille le voyageur à sa descente du train et l'accompagne durant quelques minutes.

Cette petite ville qu'on croirait morte se réveille enfin, et voici qu'une foule bruyante monte et descend la rue Victor Hugo en tout temps affairée.

Et, instinctivement, les pas se portent vers le donjon qui — si l'on en croit les Niortais — réserve au visiteur des curiosités sans égales. Dans cette tour admirablement conservée, j'ai été reçu — dans une chambre de 4 m. 50 ménagée dans l'épaisseur d'un mur — par un concierge modèle qui m'a fait les honneurs de son ... immeuble des pieds au faîte.

J'ai vu la chambre de Mme de Maintenon ; j'ai parlé dans la salle des Echos ; je suis monté sur la terrasse d'où la vue est fort belle et j'ai contemplé, avec tout le respect dû aux vieux parchemins, les archives Communales.

Et j'ai continué ma promenade en suivant le bord de l'eau jusqu'aux quartiers des tanneries où se trouve le Jardin public, très fréquenté même les jours ordinaires.

Ce coin de Niort a une physionomie toute spéciale avec ses bandes d'enfants qui s'ébattent sans retenue sous la surveillance relâchée des mamans que les commérages accaparent.

Aux amateurs de vieilles maisons je recommande celle qui se trouve au coin des rues Saint-Jean et des Acacias. Je recommande également la place de la Brèche aux épris des terrains vastes.

Rue des Piques : Dans l'atelier de l'excellent graveur des *Costumes poitevins*, Ch. Escudier, j'ai vécu une heure délicieuse au milieu des chevalets et des cartons qui m'ont récité le beau poème de la couleur et de la ligne.

Et, la nuit venue, je suis allé m'échouer au *Concert des Fleurs* où j'ai entendu de bien mauvaises romances interprètées par de bien mauvais chanteurs.

XII

Saint-Maixent

Des murs de ville et, près de l'octroi, une ancienne fortification défendent l'entrée de très petites et montueuses rues dont quelques-unes sont d'une propreté contestable.

Aux abords des grandes artères zigzaguent d'étroites ruelles qui ont conservé leur dénomination d'autrefois. Les restes d'un ancien château, possesseur de nombreux souterrains, existent rue Chauve.

Les rues du Puits Varaize et du Puits de l'Ormeau doivent leur nom à deux puits dont l'histoire est, paraît-il, fort curieuse. Dans la rue Saint-Martin se sont cantonnés les jardiniers que le voisinage du moderne Hôpital Chaigneau n'attriste pas le moindrement et les vieilles masures de la rue du Peux Saint-Martin abritent des misères bien profondes.

A intervalles réguliers, comme une échappée de vapeur s'envole de partout la chanson des métiers en marche. Et je songe avec tristesse au labeur pénible et si peu rémunérateur de ces pauvres tisserands que la maladie et le chômage accablent si souvent, hélas ! Et j'entends, durant les interminables hivers, près des âtres sans feu, les tout petits crier la faim !

Près de la place Denfert et de l'Ecole militaire s'alignent les principaux hôtels.

La vie de Saint-Maixent se concentre en ce quartier qu'animent le bruit des voitures, les exercices des soldats, les promenades à cheval des officiers qui paradent et le va-et-vient des belles dames que l'uniforme attire.

Mais plus n'existe la Villa-Milon — alias Châlet des Crêpes — où mon vieil ami Oscar Clerc avait amassé tant de curiosités, tant d'œuvres d'art disparues maintenant aux quatre vents du Ciel !

XIII

Poitiers

Le paradis des archéologues, le purgatoire des artistes, l'enfer des épris de liberté.

Dans ces rues tortueuses, bordées de maisons sans caractère, la respiration est pénible. Il semble qu'un malheur vous guette et va tout à l'heure fondre sur vous. Et cette appréhension de l'Inconnu est douloureuse infiniment.

Jours de grisailles ou jours de soleil apportent les mêmes indéfinissables tristesses et, pour rompre le charme maléfique, le promeneur étranger n'a qu'à promptement réagir en se livrant à la contemplation des nombreux et curieux monuments dont Poitiers s'enorgueillit à bon droit. La rêverie n'est permise qu'aux bords du Clain, du Chemin bas des Cours jusqu'à Rochereuil.

Entre tous ces édifices — quelques uns âgés de dix siècles — je préfère Notre-Dame-la-Grande dont la façade est d'une sculpture remarquable. Vit-elle, autrefois comme aujourd'hui, la procession quotidienne des éventaires se faire sans souci de troubler son recueillement ? Ce quartier des vieilles rues est aussi celui de la prière, car à quelques pas se trouvent Sainte-Radegonde, Saint-Porchaire et, un peu plus loin, la cathédrale Saint-Pierre dont les deux tours en saillie m'ont fait songer à quelque fantastique et monstrueux oiseau aux ailes éployées,

Je suis sorti du Moyen-âge pour tomber dans le plein modernisme du Cours Blossac. Cette promenade qu'affectionnent les bourgeois et les boutiquiers poitevins étale une rangée de tilleuls émondés de leurs branches rebelles à la symétrie et offre de tous côtes des pelouses bien peignées, des ponts rustiques et tout un assortiment de petites choses qui font assurément honneur à l'architecte-paysagiste leur créateur mais que, pour ma part, je goûte fort peu.

Combien je préfère à cette nature factice toute la verdure, arrosée en bas par le Clain qui se faufile à travers prés et jardins, frôle l'hospice des incurables, glisse et se dédouble sous le Pont-Neuf et le Pont Joubert, s'incurve au Jardin des Jésuites, s'enfle brusquement au boulevard Chassaigne et, aprés avoir reçu la Boivre à côté de l'Abattoir, continue sa promenade par le Cimetière !

Poitiers n'est pas une cité industrielle. On n'entend le ahan des machines que dans quelques manufactures de brosseries et de ferblanteries et dans deux ou trois tanneries de peaux d'oies et de cygnes.

Son aristocratie autrefois si nombreuse petit à petit l'a délaissé et Poitiers n'est plus maintenant qu'un immense salon où se donne rendez-vous la bonne compagnie des magistrats, des universitaires et des galonnés bien pensants.

XIV

Parthenay

De la gare, je me suis rendu directement à Parthenay-le-Vieux dont l'église, qui date du XIIe siècle, était alors en restauration.

Un clocher octogone, sans flèche, coiffe le monument à façade composée d'une porte centrale encadrée de deux arcades latérales assez curieuses.

Un beau soleil d'automne flambe ardemment dans le ciel bleu. Je déambule par les rues dont certaines — de la Saunerie, du Poids des Farines, Bombarde, etc.; — ont conservé leur appellation des premiers jours et je m'attarde à la contemplation des vieilles maisons des rues Saint-Jacques et Delevaut Saint-Jacques.

L'âme du passé flotte dans un calme mystique que ne trouble même pas le va et vient, imperceptible comme un glissement, de quelques promeneurs qui s'en vont tête basse, silencieux et recueillis ainsi que des moines en prière.

Les portes des boutiques sont ouvertes mais nul commérage ne s'y tient.

Et voici que se dresse sur le Thouet dont les eaux sont très basses, avec ses deux tours elliptiques, ses machicoulis et ses créneaux, la Porte Saint-Jacques dont la sévérité grandiose est égayée par de hauts arbres qui friselisent sous un léger souffle de brise !

Je recommande ce coin si pittoresque aux rêveurs et aux poètes en quête d'impressions douces et attendrissantes.

Non loin de la Maison d'arrêt et de la belle porte de la Citadelle se trouve l'église Sainte-Croix surmontée d'une tour romane à deux étages.

Dans l'ancienne église des Cordeliers sont établies les servitudes de la gendarmerie et Notre-Dame de la Couldre n'offre plus aux visiteurs que des arcades à chapiteaux historiés.

Ces ruines ont grand air. Elles se drapent, fières de leurs loques qui furent autrefois de merveilleuses choses et doivent, par certaines nuits évocatrices, parler des temps féodaux avec les restes du Vieux Château dont les murs ont croulé au pied d'une grosse tour qui sert quelquefois de prison.

Je suis resté longtemps, longtemps au milieu de tous ces vestiges, l'œil perdu dans le lointain sur cette vallée du Thouet aux paysages d'une infinie tendresse.

Et le soir tombait !

Soir délicieux, soir de rêve. Les bruits s'éteignaient dans le crescendo du crépuscule. Des souffles bouffaient brusquement comme un soupir étouffé. Là-bas, sur le viaduc le train roulait et, à quelques mètres de moi, des enfants chantaient : A Ménilmontant !

XV

Cholet

Nous n'irons plus au bois, les lauriers sont coupés mais moi je ne retournerai à Cholet que lorsque j'y serai forcé.

L'arrivée, par le chemin de fer, met sous les yeux du voyageur de nombreux champs en culture embrumés de la fumée des usines et semés çà et là de bouquets d'arbres nains. Les habitations semblent disséminées et l'importance de l'agglomération est rendue moins appréciable par l'étendue immense de l'horizon.

Enfin j'y suis... mais je n'y resterai pas longtemps.

Pourtant quelques maisons bien bâties et enveloppées de verdure égaient la route que je viens de prendre.

Par la rue Gambetta on débouche sur la place Travot près de laquelle se dressent l'Hôtel de Ville et l'Eglise Notre-Dame.

Et je continue ma promenade — en passant devant le Palais de Justice dont je n'aime pas le style — au milieu d'une véritable foule, car, c'est jour de marché et ce milieu de ville est très animé.

Et j'attends avec impatience le départ de la voiture de Beaupréau !

XVI

Beaupréau

Lieu de naissance de mon cher camarade Henry Cormeau, le doux et bon poète du *Temps d'Amour*, dont la mère — excellente et digne femme que je vénère — me reçut comme son enfant.

Le pays des coins d'ombre, des châteaux et des ruines où mon amour de la Nature et du Moyen-Age a trouvé d'intéressants sujets de rêverie et de méditation.

Ne pénètre pas qui veut dans la propriété de Mme la duchesse de Civrac que garde avec un soin jaloux M. Flaccada, valet de chambre et portier incorruptible ! En revanche, j'ai pu, durant de longues heures, errer tout à mon aise dans le parc qui entoure le château de Mlle de Civrac, fille du comte et sœur de Mme la duchesse de Blacas. Dans ce parc, où l'orchestre des oiseaux et des feuilles donne d'infinis concerts, se trouve caché un trésor, dont les châtelains possèdent la clef, mais que les fouilles les plus minutieuses n'ont pas permis de découvrir.

J'ai visité les ruines du château des Hayes en passant par Andrezé, bourg à gauche duquel on aperçoit *Bon Accueil* où les Trapistes s'étaient refugiés après leur expulsion.

Une légende m'a été contée alors que je contemplais les deux énormes lierres attachés à ces vestiges du passé et qui de loin, m'avaient semblé un emmêlement d'énormes serpents gris.

Il y a longtemps, le fils du châtelain des Hayes — un mauvais sujet, craint et détesté de tout le monde — rencontra un après-midi un de ses serfs, qui se rendait chez le forgeron pour faire aiguiser un outil qu'il portait sur son épaule, et lui demanda s'il était peureux. Le paysan répondit que non.

A son retour celui-ci voit une bête énorme qui lui saute sur le dos. Il se débat, lutte et finalement la tue d'un coup de son outil.

Cette bête était tout simplement le fils du seigneur qu'un sortilège avait transformé en loup-garou. Le cadavre fut immédiatement transporté au château où le diable accourut pour en prendre possession. Mais le curé d'Andrezé se trouvait là et alors un combat homérique se livra entre l'homme de Dieu et Satan. Celui-ci resta vainqueur et la pauvre mère désolée devint folle de douleur et le père courut se précipiter dans un puits.

Par des chemins cahoteux et désagréablement secoué par la voiture qui zigzague comme un ivrogne, j'arrive au monastère de Bellefontaine où le frère portier me fait visiter d'abord le petit magasin de livres et d'objets de piété dont il a la direction. Ce père s'entend admirablement à vanter sa marchandise et je le quitte en emportant l'Histoire de l'Abbaye.

Tout à l'heure après mon examen hâtif du monastère, il m'offrira dans un petit réfectoire dont la propreté méticuleuse aiguisera mon appétit, une collation composée de pain, beurre, fromage et fruits et s'étonnera de me voir ne boire que de l'eau,

Sous le soleil qui enjaunit la vaste cour où vont et viennent les Trappistes vêtus de bure, règne une activité impressionnante par le mutisme qui y préside. De tout jeunes frères écrasent les pommes. Sans échanger la moindre parole, sans même accorder la plus petite atten tion à ce visiteur qui les regarde, ils accomplissent leur besogne, la pensée absorbée par je ne sais quel rêve ! S'il en est certains que l'espoir en Dieu transforme en contemplatifs, il en est d'autres dont l'idéal doit certainement se borner aux choses terrestres. Et dans ces équipes de frères plus âgés qui rentrent des champs, j'aperçois des figures peu sympathiques, des regards brillants de fièvre ou de haine.

Cette constatation m'a véritablement attristé et j'aurais rapporté de Bellefontaine un souvenir désagréable si la vue de quelques officiants et surtout du prieur ne m'avait offert une humanité plus attachante. Et je repasse devant les écraseurs de pommes : novices à peine entrés dans l'adolescence qui, ignorants des vilenies et des désenchantements de la vie, ont, dans leurs visages calmes et souriants, des franchises de regards et des sérénités enviables.

Je suis seul maintenant et personne ne s'inquiète de mes allées et venues. J'ai parcouru de longs couloirs, je me suis attardé au réfectoire sans qu'une parole frappe mon oreille.

A la chapelle seulement, un frère, en me montrant la tribune réservée aux étrangers, m'a annoncé que l'accès du transept m'était interdit.

Neuve, assez simplement décorée, cette chapelle n'a pas été évocatrice de mes croyances passées. Son silence profond ne m'a pas troublé.

Au sortir de Bellefontaine je suis allé à la Chaperonnière ou fut pris Cathelineau. De père en fils cette ferme a été exploitée par les Guimet. Le père des fermiers actuels, mort il y a 25 ans, vivait à l'époque des Cathelineau. On m'a montré la trappe qui donnait accès dans la chambre où le célèbre Saint de l'Anjou fut découvert... Mais pourquoi l'histoire ne fait-elle point mention de cette arrestation ?

Et c'est par de délicieux cheminets bordés de hauts arbres, traversant ici un ruisseau dont l'eau effleure le poitrail du cheval, roulant là, sur le tapis de pelouses épaisses que je suis rentré à Beaupréau où

Il y a de jolies filles lon là

TABLE DES MATIÈRES

AQUARELLES

INSTANTANÉS

Saint-Amand (Cher). — Imp. Em. Pivoteau et Fils

www.ingramcontent.com/pod-product-compliance
Ingram Content Group UK Ltd.
Pitfield, Milton Keynes, MK11 3LW, UK
UKHW021107200726
13857UKWH00003B/1127

9 782012 859401